我们身边的药用树木

主编 陈策

顾问 徐鸿华 李秉滔

廣東省出版集團

广东科技出版社

·广州·

图书在版编目（CIP）数据

我们身边的药用树木/陈策主编. —广州：广东科技出版社，2011.1
ISBN 978-7-5359-5285-1

Ⅰ.①我… Ⅱ.①陈… Ⅲ.①药用植物：木本植物—简介
Ⅳ.①S567.1

中国版本图书馆CIP数据核字（2010）第077266号

我们身边的药用树木

责任编辑：陈毅华　熊晓慧
封面设计：柳国雄
责任校对：吴丽霞
责任印制：罗华之
出版发行：广东科技出版社
（广州市环市东路水荫路11号　邮编：510075）
E-mail：gdkjzbb@21cn.com
http：//www.gdstp.com.cn
经　　销：广东省出版集团图书发行有限公司
印　　刷：广州市岭美彩印有限公司
（广州市荔湾区花地大道南海南工商贸易区A幢　邮编：510385）
规　　格：787mm×1 092mm　1/16　印张28　字数560千
版　　次：2011年1月第1版
2011年1月第1次印刷
定　　价：135.00元

编委会名单

顾　问：徐鸿华　李秉滔

主　编：陈　策

编　写：黄伟元　谌建平　陈国泽

陈家耀　卢元贤　练旭文

王　斌　陈东文

本书主编陈策（右）与李秉滔教授（左）和徐鸿华教授（中）一起考察药用植物园

本书编者陈策（右二）、黄伟元(左二)与广州市香雪制药股份公司领导

天然芳香
有益健康

钟南山

二〇一〇、十一、廿九

中国工程院院士、中华医学会会长钟南山

利用药用树木资源
大有作为

蒋有绪
二〇一〇年十二月十日

中国工程院院士蒋有绪

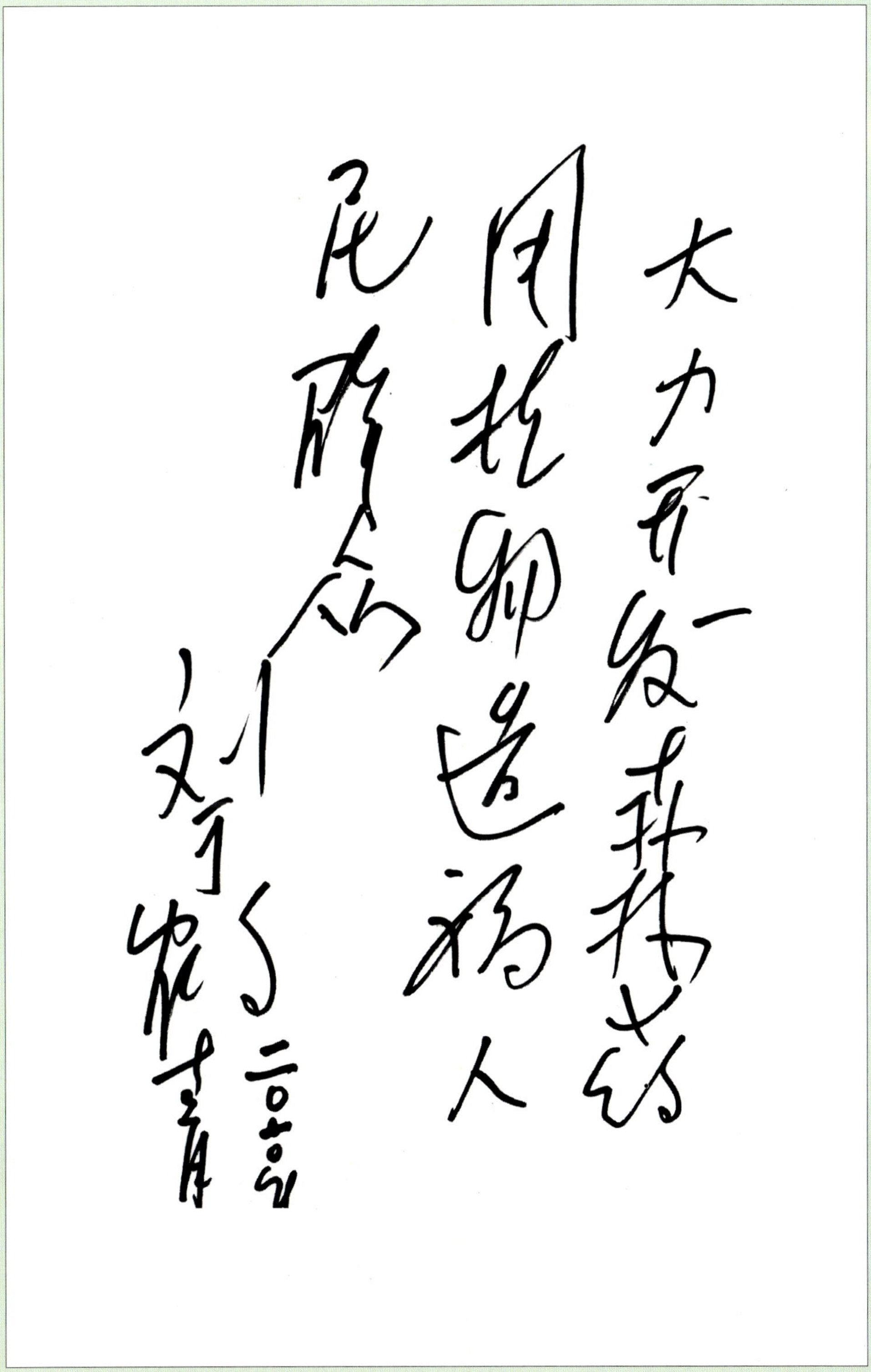

原中国林业科学院院长、原国家林业部副部长刘于鹤

开发利用林木
资源造福人民

李育林

二〇一〇年十二月十一日

原国家林业局副局长李育材

序

众所周知，树木是我们人类的好朋友。树木不仅是氧气制造厂（1 hm^2的阔叶林每天可以吸收1 t二氧化碳，释放出0.73 t的氧气），而且还可以调节气候、净化空气和防风降噪。同时，树木更是杀菌的能手——有的树木会分泌出杀菌的物质，杀死那些夹杂在粉尘中对我们身体有害的病原菌。相关权威资料显示，百货大楼里每立方米空气中的含菌量约400万个，城市林荫道上约58万个，公园里约100个，而在林区中仅约50个。林区与百货大楼空气中每立方米含菌量相差竟有7万多倍之多。

树木不仅能为人们提供生活和生产所需的木材和众多的林副产品，而且它还有保持生态系统平衡等功能。此外，树木还是一个为我们提供治疗疾病的药源宝库，很多树木的根、茎、叶、花、果和皮都具有一定的药用价值。可以说，可供入药治病的木本植物俯拾皆是，而且它们大多就生长在我们身边，根本不需要我们跋山涉水，孤身犯险才能找到。例如，松树是我国的主要用材树种，随处可见，同时它又有较高的药用价值，松树的花粉在医药上叫“松黄”，用它浸酒温服，有治头晕脑胀的功效；松树所结的松子，是滋补强身的良药；松树满身披挂的松针，其提取物具有扩张动脉血管、增加红细胞携氧能力、促进血液循环、改善毛细血管机能的功效，可用于提高人体免疫力，增加激素的分泌，强精，使身体的组织年轻化等。人类心脏病的几大症状如心绞痛、心悸、哮喘和呼吸困难等，临床实践表明，在饮用了松针制剂一段时间后，都会有不可思议的改善，这说明松树一身都是宝。

木本植物（woody plant），指的是根和茎因增粗生长形成大量的木质部，细胞壁也多数木质化的坚固的植物。植物体木质部发达，是草本植物的对应词，茎质坚硬。木本植物因植株高度及分枝部位等不同，可分为：①乔木（tree），为高大直立的树木，高度达5 m以上，主干明显，分枝部位较高，如松、杉、枫、杨、樟等，它们有常绿乔木（evergreen tree）和落叶乔木（deciduous tree）之分。②灌木（shrub），比较矮小，高度在5 m以下，主干不明显，分枝靠近茎的基部，如茶、月季、木槿等，有常绿灌木及落叶灌木之分。③半灌木（亚灌木sub-shrub）， 植物多年生，但仅茎的基部木质化，而上部为草质，冬季枯萎，如牡丹。④藤本（woody climber）木质藤蔓，如葡萄、劈荔等。

在金庸大侠的作品中，有这样的说法："凡毒轫附近，五步之内，必有解毒之药。此乃天地万物相生相克的道理。”此话固有夸张的成分，但也颇有道理——生长在我们身边的树木中绝大部分都是可以入药的（有一定的药用价值）。如何识别和充分开发利用好这些大自然恩赐给我们的宝物，是本书撰写的旨意。希望此书能为人们重新认识自然和如何善用资源，做到可持续发展提供帮助。

陈俊愉

2010年12月

陈俊愉　中国工程院资深院士，北京林业大学教授、博士生导师

前言

我国有丰富的森林资源，据有关资料统计，可药用的植物约有300科，2 000余属，1.1万多种，占中药资源总类约80%。由此可见，在我们身边的木本植物中，可以入药的树木不但种类繁多，而且分布地域广袤。我们祖先对药用树木的认识、利用和研究有悠久的历史，在被誉为“医药之祖”神农氏的《神农本草经》、被奉为医圣张仲景所著的《伤寒杂病论》、明代李时珍编撰的《本草纲目》中，都记载了我国古代劳动人民对木本植物用于防病治病的认识以及实践经验和理论。

中医中药对中华民族的繁衍和对世界医药的发展都有卓越的贡献，中医中药是我国传统文化中的瑰宝，是一颗璀璨的明珠。

笔者从20世纪60年代开始从事林业科技工作，曾长时间在山区工作和生活，期间看到过林区的群众生病时都会在林中或灌木丛中抓一把树枝或叶，或者是挖一些树根等经过简单的处理后煎水服用，即可把病治好。在上世纪末，笔者参加了由中国科学院和国家林业部组织的全国森林自然保护区植物资源调查工作，在云南省的西双版纳、湖北省的神农架、福建省的武夷山等林区，也曾多次目睹了当地群众利用林中植物治疗毒蛇咬伤、跌打骨折和烧伤烫伤，以及刀伤等实例，而且大多有药到病除的神奇效果。这使笔者加深了对木本药用植物的认识，同时也深感开展普及对药用树木资源的认识、开发和利用的责任——如何使人们更多地认识生长在我们身边的树木就是防病治病的良药宝库。

为了让广大读者更好地认识和利用生长在我们身边的药用树木，在相关领导的支持以及专家和热心人士的帮助下，我们编写了本书。在书中收集了400多种可以入药的木本植物，并配以彩图和简练的文字，翔实地介绍了它们的分布、特征、药效与应用。

编写本书是我们多年来的夙愿，在本书的编写过程中我们得到了广州中医药大学资深中药植物研究学者徐鸿华教授，以及著名药用植物学家李秉滔教授的直接指导，同时也得到了北京林业大学、东北林业大学、哈尔滨植物园、北京植物园、北京药用植物园、中国医学科学院、广西药用植物园、华南植物园等单位的支持和协助。

我们还要特别感谢广州市香雪制药股份有限公司和王永辉董事长，正是他们的全力支助使得本书能顺利出版。

2011年元旦·广州

目　录

1. 桫椤科 Cyatheaceae

桫椤（树蕨、大贯众）

药材名：飞天蠄螃

Cyathea spinulosa Wall.

【分布】生于我国贵州、四川、广西、广东和台湾等省区。

【特征】高大蕨类，主干高2～6 m。深褐色或浅黑色，有老叶脱落后留下的痕迹。叶丛生于主干顶端；叶柄和叶轴粗壮，有密刺；叶片长1～3 m，三回羽状分裂，羽片长矩圆形，先端渐尖，羽轴下面无毛，下部有疏刺，小羽轴和主脉下面有略呈泡状的鳞片；小羽片羽裂，裂片披针形，有疏锯齿。孢子囊群生于小脉分叉点凸起的囊托上，囊群盖近圆球形，膜质。

【药效与应用】树根入药。味苦、涩，性凉，有小毒。可清肺胃热，祛风除湿。配陈皮、猪瘦肉煎汤服，治哮喘咳嗽；配猪瘦肉煎汤服，治内伤吐血；单味水煎冲酒服，治骨痛、腹痛、风火牙痛；配猪小肚煎汤服，治小肠气痛；用鲜品榨汁擦患部，治癣症。

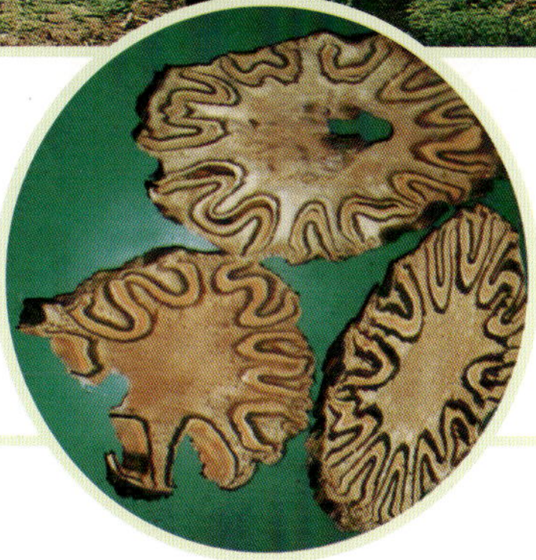

2. 苏铁科 Cycadaceae

苏铁

药材名：苏铁叶、苏铁花、苏铁果、苏铁根

Cycasrevoluta Thunb.

【分布】分布于我国福建、广东、云南等省，现各地普遍有人工栽培。

【特征】常绿乔木。树干圆柱形，粗糙，不分枝，密被宿存的叶基和叶痕。羽状复叶螺旋状排列，聚生于茎顶，基部两侧有刺；小叶片约100对，条形，边缘向下反卷。雌雄异株；雄球花圆柱状，上面生有许多鳞片状雄蕊（小孢子叶），每个雄蕊下面着生许多花粉囊（小孢子囊），常3～4枚聚生；雌蕊（大孢子叶）密被黄褐色绒毛，上部羽状分裂，下部柄状，柄的两侧各生1～5枚近球形的胚珠（大孢子囊）。种子核果状，成熟时橙红色。

【药效与应用】味甘酸，性微温，种子有毒。具有理气活血功效，可治肝胃气痛。经闭、难产、咳嗽、吐血、跌打、刀伤。内服煎汤15～25g，或烧存性研末。外用烧存性研末调敷。叶25 g，煎服，治胃痛；配金银花煎服，治小儿抽筋发热；花3朵，酌冲开水和冰糖炖服，治吐血、咳血。

3. 银杏科 Ginkgoaceae

银杏（白果、公孙树）

药材名：银杏、银杏针、白果

Ginkgo biloba L.

【分布】在我国华东、华北等地区均有人工种植。

【特征】落叶高大乔木。树干直立。叶簇生于短枝或螺旋状散生于长枝上；叶片扇形，脉叉状分枝；叶柄长。花单生，雌雄异株。种子核果状，椭圆形至近球形，成熟时金黄色，外种皮肉质，熟时橙黄色，内种皮骨质，白色。花期4～5月，果期9～10月。

【药效与应用】成熟种子胚芽含较多的银杏毒素等。有抗菌、祛痰、清除自由基、解痉、降压、抗肿瘤、调节免疫功能和抗脂过氧化等药理功效。种子用于治疗哮喘咳嗽、带下、白浊、小便频数、遗尿等。银杏叶治高血压，医药上广为应用。果有毒，不可多用，小儿更应注意。

4. 松科　Pinaceae

马尾松（松树）

药材名：松针、松花粉、松节油、松节

Pinus massoniana Lamb.

【分布】分布于我国淮河流域、汉水流域和长江流域各省，以及福建、广东、云南等地。

【特征】常绿乔木。小枝轮生，红棕色，无毛；冬芽长椭圆形，褐色。针叶2枚一束，细柔；树脂管4~7，边生；叶梢宿存。雄球花序椭圆形卵状，开后长呈柔荑状，黄色，雄蕊有2花粉囊；雌球花序椭圆形，肉紫色，球果卵状椭圆形，熟后栗褐色，种鳞的鳞盾平或微肥厚，稍有横脊；鳞脐微凹，无刺尖。种子长卵圆形。

【药效与应用】马尾松花粉含脂肪油、色素、甾醇和黄酮类及微量元素，有抗病毒及收敛、止血作用。外敷止血效果良好，并具有增耐力、抗疲劳的作用。松针叶、松花粉、松脂入药。外用干掺或调敷，调服或浸酒饮。用于治疗黄水疮、皮肤湿疹、糜烂、婴儿尿布性皮炎以及外伤出血。马尾松渗出的树脂油称松节油，经蒸馏或提取得到的挥发油含有90%以上的α-蒎烯及β-蒎烯。局部涂抹，有刺激皮肤、促进血液循环和解除疼痛的作用。吸收后对中枢神经起先兴奋后抑制作用。

油松（红皮松）

药材名：松花粉、油松节

Pinus tabuliformis Carr.

【分布】我国特有树种，生于向阳、耐旱的山地等处。分布于河北、山东、山西、河南、陕西、宁夏和甘肃等省区。

【特征】常绿乔木。针叶2枚一束，短而粗硬，树脂管5～8或更多，边生；叶梢宿存。雄球花序椭圆形至卵形，开后延长呈柔荑状，黄色，雄蕊有2花粉囊；雌球序椭圆形，肉紫色，球果卵状椭圆形，熟后淡黄色或淡褐黄色，鳞盾肥厚隆起，横脊显著，鳞脐凸起，有刺。种子长卵圆形，有翅。花期4～5月，果熟期翌年10～12月。

【药效与应用】松花粉含有脂肪油及色素等。松花粉入药。松花粉3～5 g，调服或浸酒饮。外用适量，撒敷患处。可单味冲服，有益气止血的作用。主要用于治疗咯血、便血及血痢，亦治胃及十二指肠溃疡。

金钱松（荆树皮）

药材名：土荆皮、金钱松皮

Pseudolarix amabilis (*Neis*) Rehd. (*kaempferi* Gord.)

【分布】生于海拔100～1 500 m地带，散生在针叶树、阔叶树林中。有人工栽培。多分布于我国长江中下游各省区。

【特征】落叶乔木，高20～40 cm。树干直立，枝分长枝和短枝。长枝上的叶螺旋状散生，短枝上的叶15～30枚簇生，辐射平展，秋后显金黄色。叶线形或倒披针形，扁平、柔软，长3～7 cm，宽2～5 mm，先端尖，淡绿色，下面沿隆起中脉的两侧有气孔线。花单性同株；雄球花柔荑状，数个或10余个聚生在短枝顶端，黄色；雌球花单生短枝顶端，紫红色。球果淡红棕色，卵形，有短柄。花期4月，球果10月成熟。

【药效与应用】味辛，性温，有毒。可杀虫、止痒。土荆皮抗真菌有效成分为二萜酸类化合物，有土荆甲酸、土荆乙酸。近年又分离出土荆丁酸和土荆戊酸。尚含鞣质和挥发油。根皮、近根部树皮入药。秋末挖根，洗净，剥取根皮，刮去外皮后晒干；夏季剥取树皮，晒干。外用适量，醋或酒浸涂擦，或研末调涂患处，主治顽癣。取土荆皮60 g、醋120 mL，调和搽患处。

雪松

药材名：雪松皮、雪松针

Cedrus deodara (Roxb.) G. Don

【分布】原产于喜马拉雅山西部及昆仑山，现我国各地均有引种栽培。

【特征】常绿乔木，高20 m。树皮深灰色，裂成不规则的鳞片状。大枝平展，枝梢微下垂，树冠宽塔形。小枝细长，一年生枝条淡灰黄色，密被短绒毛，微被白粉。叶针形，长2.5～5 cm，宽1～1.5 mm，呈三棱状，两面有气孔线，幼时气孔线被白粉。球果卵圆形、宽椭圆形或近球形，长7～12 cm。种子近三角形，连翅长2.2～3.7 cm。花期10～11月，球果翌年10月成熟。

【药效与应用】叶和木材入药，有清热利湿，散瘀止血的功效，用于治疗痢疾、肠风便血、水肿、痔疮、麻风病等。

白皮松（五针白皮松、白骨松）

药材名：土槿皮、金钱松皮

Pinus bungeana Zucc. ex Endl.

【分布】生于山地林中。在我国长江流域有栽培，分布于河北、山西、河南西部、陕西南部、甘肃南部、四川北部及湖北西部等地。

【特征】常绿乔木，高达30 m。幼树树皮灰绿色，平滑，老树皮常呈片状脱落，露出粉白色内皮，白褐相间或斑鳞状。针叶3针一束，粗硬，长5～10 cm。球果卵圆形或圆锥状卵圆形，长5～7 cm，直径4～6 cm，鳞盾多为菱形。种子近倒卵圆形，长约1 cm，翅短。花期4～5月，球果翌年10～11月成熟。

【药效与应用】球果入药，有镇咳、平喘、消炎、祛痰的功效，用于治疗慢性气管炎、咳嗽、气短、痰多、便秘等。

黑松（日本黑松）

药材名：黑针松

Pinus thunbergii Parl.

【分布】原产于朝鲜和日本。现我国的辽宁、山东、江苏、浙江、福建和台湾等地均有人工栽培。

【特征】常绿乔木。一年生。枝淡黄褐色，无毛；冬芽银白色。针叶2针一束，粗硬，长6～12 cm；树脂道6～11，中生；叶鞘宿存。球果圆锥状卵形或卵圆形，长4～6 cm，具短柄，成熟时栗褐色；种鳞的鳞盾隆起，横脊显著，鳞微凹具短刺。种子倒卵椭圆形，长3～7 mm，种翅灰褐色，具深色条纹。

【药效与应用】叶含精油1.0%，主要成分有α-蒎烯(14.8%)，莰烯，β-蒎烯(44.6%)，β-月桂烯，β-水芹烯(14.8%)，β-菖烯-2，α-松油醇，乙酸龙脑酯，β-石竹烯，β-荜澄茄烯等。叶可入药，有祛风活血、明目安神、解毒和燥湿止痒功效。

红松（海松、果松、红果松）

药材名：海松子

Pinus. koraiensis Sieb. et Zucc.

【分布】多生于气候温寒、温湿的棕色森林土地带，海拔150～1 800 m。产于我国东北长白山区和吉林山区。

【特征】国家二级保护植物。常绿大乔木，高达50 m。幼枝密生黄褐色或红褐色柔毛。针叶5针一束，长6～12 cm，边缘具细锯齿；树脂道3，中生；叶鞘早落。球果圆锥状卵圆形、圆锥状长卵圆形或卵状椭圆形，长9～14 cm，直径6～8 cm；种鳞上端渐狭，向外反曲，鳞脐不显著，种子无翅。花期5～6月，果次年9～11月成熟。

【药效与应用】松针富含精油，可作为松节油加以利用。种子炒食能延年泽容，并有软化血管、降血脂的作用。松子仁和胡萝卜炒食，适用于治疗干咳、便秘、百日咳、夜盲、消化不良等。种子味甘，性温。养阴熄风，润肺滑肠。用于治疗风痹、头眩、燥咳、吐血、便秘等。叶可活血、燥湿和止痒，用于治疗感冒、维生素C缺乏症、风湿、高血压等；外用煎洗治冻疮。松香(去除挥发油的干树脂)能燥湿祛风、生肌止痛、镇咳祛痰。

5. 杉科 Taxodiaceae

杉木（杉树）

药材名：杉皮、杉木果

Cunninghamia lanceolata (Lamb.) Hook.

【分布】生于山谷阴坡林中。广布于我国秦岭南坡、桐柏山、伏牛山区以南的广大地区。

【特征】常绿乔木，高达30 m。树皮灰褐色，裂成长条片，内皮淡红色。大枝平展，小枝对生或轮生，常呈2列状，幼枝绿色，光滑无毛。叶长2～6 cm，披针开，顶端锐尖。球果长2.5～5 cm，苞鳞棕黄色，三角状卵形，先端反卷或不反卷。种子长卵形或长圆形，长7～8 mm，暗褐色。花期4月，球果10月成熟。

【药效与应用】木材及树皮入药，有消肿、解毒、止痛、利湿的功效，用于治疗水肿、脚气、漆疮、烫伤、毒虫咬伤。根皮或根有祛风利湿、行气止痛、理伤接骨的功效，用于治疗瘀秽腹痛、疝气、关节炎、跌打损伤、疥癣、骨折、脱臼、淋病、白带异常。木材有除秽、降逆气、散湿毒止痛的功效，用于治疗心腹胀痛、风湿毒疮、跌打肿痛、霍乱等。

柳杉

药材名：柳杉

Cryptomeria fortunei Hooibrenk japonica (var. *sinensis* Miq.)

【分布】 生于山坡林中，自然分布于海拔1 100～1 400 m的山坡。产于我国浙江、安徽、江西、福建，江苏有栽培。现长江流域以南各地有栽培。

【特征】 常绿乔木，高达40 m。树皮红棕色，裂成长条片。小枝细长下垂。叶螺旋状排列，锥形，长1～1.5 cm，先端向内弯曲，基部下延。球果近球形，直径1.2～2 cm。种鳞宿存，木质，盾形，上部肥大，有4～5短三角形裂齿，发育种鳞有2粒种子。花期4月，果期10～11月。

【药效与应用】 根皮有解毒、杀虫止痒的功效，用于治疗癣疮、鹅掌风、烫伤；叶用于治疗痈疽疮毒等。

水松（水松柏、水棉）

药材名：水松柏

Glyptostrobus pensilis (Staunt.) Koch

【分布】中国特有树种。我国广东、福建、江西、四川、广西和云南均有分布。

【特征】乔木。树干基部膨大，并有伸出凸面的呼吸根；树皮褐色或灰白色。叶多形：鳞形、条状钻形、条形等。雌雄同株，雄球花椭圆形，雌球花近球形或卵状椭圆形。球果倒卵圆形。种子椭圆形。花期1～2月，种子秋后成熟。

【药效与应用】枝叶含精油0.4%～0.6%，主要成分有α-蒎烯(40.2%)、莰烯、β-蒎烯、β-月桂烯、柠檬烯(38.7%)、乙酸龙脑酯、β-石竹烯等。果、枝叶、树皮药用。味苦，性平。有化气止痛功效，用于治疗胃痛、疝气疼痛、风湿性关节炎、高血压、皮炎和烫伤。

6. 柏科 Cupressaceae

侧柏（扁柏）

药材名：侧柏叶、柏子仁

Platycladus orientalis (L.) Franco

【分布】分布较广，多为栽培。主产于我国山东、河南和河北等省。

【特征】常绿乔木。树皮薄，裂成长条状；分枝密，小枝扁平，鳞形叶交互对生，雌雄同株，球花生于上年短枝顶上。球果卵状，椭圆形，初时绿色，肉质，被白粉，熟后深褐色，木质，张开；种鳞4对，扁平，近顶部有下弯的尖头，中部种鳞各有种子1～2粒；种子无翅或有棱脊。花期4～5月，球果10月成熟。

【药效与应用】枝梢及叶含挥发油、黄酮类化合物和蜡质等成分；种子含皂苷、脂肪油、挥发油，以及含谷甾醇、柏木醇、红松内酯等化合物。叶及枝梢有凉血止血、祛风除湿、散毒消肿的功效，用于治疗吐血、衄血、尿血、血痢、肠风下血、崩漏、风湿痹痛、咳嗽、丹毒、腮腺炎、烫伤。种仁有养心安神、润肠通便的功效，用于治疗惊悸、失眠、遗精、盗汗、肠燥便秘。根皮有凉血、解毒、敛疮、生发的功效，用于治疗烫伤、疮疡溃烂、毛发脱落。枝节有祛风除湿、解毒疗疮的功效，用于治疗霍乱转筋、齿龈肿痛。外用治疗疥癣、癞疮、丹毒、黄水疮、秃疮等。

圆柏（桧柏）

药材名：圆柏枝

Sabina chinensis (L.) Ant.

【分布】生于中性土、钙质土以及微酸性土壤中。分布于我国内蒙古、河北、陕西、甘肃、四川、湖北、湖南、广东、广西、贵州及云南等省区，华东地区有栽培。

【特征】常绿乔木，高达20 m。树皮灰褐色，裂成长条片。生鳞叶的小枝圆柱形或微具4棱。叶二型，幼树全为刺叶，老龄树全为鳞叶，壮年树二型叶皆有，鳞叶先端盾尖，背部近中部有椭圆形微凹的腺体，刺叶3枚交叉轮生。球果翌年成熟，近圆形，被白粉。种子2～4粒，卵圆形，先端钝。花期4月，果期翌年10～11月。

【药效与应用】枝叶有祛风散寒、活血消肿、解毒利尿的功效，用于治疗风寒感冒、风湿性关节痛、尿路感染、荨麻疹、阴疽肿毒初起等。

福建柏（滇柏）

药材名：建柏

Fokienia hodginsii (Dunn) A. Henry et Thomas

【分布】分布于我国华东、华南和西南地区。越南也有分布。

【特征】乔木。树皮紫褐色，平滑；小枝扁平。鳞叶2对交叉对生，中央叶倒披针形；侧面叶对折，近长椭圆形。雄球花近球形。球果近球形，熟时褐色。种鳞顶端多角形，种子顶端尖，具3～4棱。花期3～4月，果期10～11月。

【药效与应用】心材药用。味苦、辛，性温。有行气止痛、降逆止呕功效，可治疗脘腹疼痛、噎嗝、反胃、呃逆、恶心呕吐。

7. 罗汉松科　Podocarpaceae

罗汉松（罗汉杉、江南侧柏叶）

药材名：罗汉松叶、罗汉松实

Podocarpus macrophyllus (Thunb.) D. Don

【分布】我国长江以南各地均有分布。

【特征】常绿乔木。直干，高可达20 m。树皮灰色，浅裂，呈薄鳞片状剥落；枝短而横展密生。叶螺旋状互生，线状长椭圆形或长椭圆状披针形，长7～13 cm，先端钝，基部狭窄为叶柄状，中肋显著而缺侧脉。花单性，雌雄异株，生前年枝上；花托肥大，基部有苞片数枚。种子广卵形或球形，带粉绿色，生于肉质的花托上。花期5月，果期10月。

【药效与应用】叶、根皮、种子入药。味淡，性平。具有清热凉血、化瘀止血功效。用于治疗血热妄行的咯血、便血、崩漏及跌打损伤内出血。

竹柏（竹柏叶）

药材名：竹柏

Podocarpus nagi (Thb.) Zoll. et Moritz. ex Zoll.

【分布】散生于低海拔常绿阔叶林中。分布于我国台湾、福建、浙江、江西、湖南南部、广东和四川东部。

【特征】常绿乔木。叶交互对生或近对生，排成2列，厚革质，窄卵形、卵状披针形或椭圆状披针形，长5～7 cm，无中脉而有多数并列细脉。雄球花穗状，常分枝，单生叶腋，长1.8～2.5 cm，梗较粗短；雌球花单生叶腋，稀成对腋生，基部有数枚苞片，花后苞片不变成肉质种托。种子球形，直径1.2～1.5 cm，熟时套被紫黑色，有白粉，种托与梗相似。

【药效与应用】竹柏的叶可止血、接骨、消肿，用于治疗骨折和枪伤拔弹头。茎皮及根可祛风湿，用于治疗风湿痹痛。外用适量，煎洗或捣敷：①鲜叶捣敷，敷骨折整复后的患处；②叶研粉，撒伤口上，治外伤出血；③鲜叶捣敷，可拔枪伤弹头；④鲜树皮或根适量，水煎熏洗患处，治疗风湿性关节炎。

8. 三尖杉科　Cephalotaxaceae

粗榧

药材名：粗榧

Cephalotaxus sinensis (Rehd. et Wils.) Li

【分布】生于山坡山谷林中。产于我国江苏、浙江、安徽、江西、福建，分布于湖北、湖南、广东、广西、贵州、四川、河南、甘肃、陕西等省区。

【特征】常绿灌木或小乔木，高3～6 m。树皮灰色，裂成薄片状脱落。小枝基部有宿存芽鳞。叶对生或近对生，线形，排成2列，长2～5 cm，宽约3 mm，中脉明显，下面有2条白粉气孔带，较绿色边带宽2～5倍。种子核果状，全部包于肉质假种皮中，种子通常2～5粒，生于总梗的上端，卵圆形，长1.8～2.5 cm，顶端有小尖头。花期3～4月，果期10～11月。

【药效与应用】叶、根皮、种子入药。全年可采。剪取枝叶，晒干。生用。用量15～30 g。用于治疗血热妄行的咯血、便血、崩漏及跌打损伤内出血。枝、叶有抗癌的功效，用于治疗白血病、恶性淋巴瘤；果实用于治疗食积、驱蛔虫等。

9. 红豆杉科（紫杉科） Taxaceae

东北红豆杉（紫杉）

药材名：紫杉

Taxus cuspidata Sieb. et Zucc.

【分布】散生于海拔500～1 000 m林中，适宜冷且潮湿的酸性土壤。分布于我国黑龙江东南部、吉林东部及辽宁。朝鲜和俄罗斯远东地区及日本也有分布。

【特征】常绿乔木，高达20 m。胸径达1 m。树冠阔卵形或倒卵形，树皮红褐色或灰红色，薄质，片状剥裂。枝条密生，小枝带红褐色，一年生枝深绿色，秋后呈淡红褐色。叶生于主枝上者为螺旋状排列，在侧枝上叶柄基部扭转向左右排成不规则2列，叶微镰状，较密，中脉隆起，基部两侧近对称。种子卵圆形或三棱卵圆形，上部具3～4或更多钝脊，种脐通常三角形或四方形，假种子皮红色，熟时有光泽。雌雄异株，雄株树冠较狭而雌株则较开展。花期5～6月，种子9～10月成熟。

【药效与应用】叶含紫杉素、紫杉次素、紫杉次素A、金松黄酮、紫杉酚、挥发油和糖等，茎皮含紫杉醇，有抗白血病及肿瘤的作用。树皮和枝叶入药。可治疗肾病、糖尿病及肿瘤。

南方红豆杉（美丽红豆杉）

Taxus Mairei (Lemee et Levl) S. Y. Hu et Liu (*T. wallichiana var mairei* L. K. Fuet N. Li)

【分布】生于海拔1 500 m以下的山地。分布于我国台湾、福建、浙江、安徽、江西、湖南、湖北、陕西南部、四川、云南、贵州、广西和广东等省区。

【特征】濒临灭绝的天然珍稀抗癌植物。常绿乔木。树皮淡灰色，纵裂成长条薄片；芽鳞顶端钝或稍尖，脱落或部分宿存于小枝基部。叶2列，近镰刀形，长1.5～4.5 cm，背面中脉带上无乳头角质突起，或有时零星分布，或与气孔带邻近的中脉两边有一至数条乳头状角质突起，颜色与气孔带不同，淡绿色，边带宽而明显。种子倒卵圆形或柱状长卵形，长7～8 mm，通常上部较宽，生有红色肉质杯状假种皮。花期3～6月，果期9～10月。

【药效与应用】茎、枝、根入药。主要成分含紫杉醇、紫杉碱、双萜类化合物。有抗癌功效，并有抑制糖尿病及治疗心脏病的功效。枝、叶、干、皮层都是提取抗癌新药紫杉醇的原料。木材硬度适中，水湿不腐，为建筑、造船等优良木材。种子含油60%以上，供食用，制皂及制润滑油；入药有驱蛔虫、消积食作用。

穗花杉（杉枣）

药材名：杉枣

Amentotaxusargotaenia (Hance) Pilg.

【分布】我国特有树种，生于江西、湖北、湖南、四川、西藏、甘肃、广西和广东等省区。

【特征】常绿灌木或小乔木。小枝对生或近对生。叶交互对生，条状披针形，先端尖或钝，基部渐窄，楔形或宽楔形，下面白色气孔带与绿色边带等宽或较窄。雌雄异株；雄球花穗状，雌球花胚珠单生。种子卵球形，成熟时假种皮鲜红色。花期4月，种子10月成熟。

【药效与应用】枝叶含精油，主要成分有2-已烯醛、已烯醇、α-蒎烯(16.2%)、莰烯、桧烯、β-蒎烯、1-辛烯醇-3(22.2%)、柠檬烯、松油醇-4、反-β-柏木烯、榄香醇、反-橙花叔醇、氧化石竹烯、柏木脑、环氧蛇麻烯Ⅱ、茅苍术醇、α-桉叶醇、α-甜没药醇等。种子、枝、叶和根入药。味苦、咸，性温。种子用于治疗虫积腹痛、小儿疳积。枝、叶有清热解毒、祛湿止痒功效，用于治疗毒蛇咬伤、湿疹。根用于治疗跌打损伤、骨折。

10. 木兰科　Magnoliaceae

玉兰（白玉兰、玉兰花、望春花）

药材名：玉兰（辛夷）

Magonlia denudata Desr.

【分布】生于林中。产于我国安徽、浙江、江西，分布于湖南、广东、贵州及四川等地，河南、陕西、湖北、江苏等地有栽培。

【特征】常绿乔木，高达25 m。冬芽及花梗密被淡灰色长绢毛。单叶互生，倒卵形、宽倒卵形或倒卵状长圆形，长10～15（18）cm，先端宽圆、平截或稍凹，具短突尖，中部以下渐窄呈楔形或宽楔形，托叶痕为叶柄长的1/4～1/3。先叶开花，芳香，直径10～16 cm，花被片9片，长圆状倒卵形，内外轮近等长。聚合果圆柱形，长12～15cm，径3.5～5 cm，蓇葖厚木质，褪色，皮孔白色。种子心形，两侧扁。花期2～3月，果期7～9月。

【药效与应用】花蕾入药。有祛风散寒、通鼻窍的功效，用于治疗头痛、鼻塞、急慢性鼻窦炎及过敏性鼻炎等。

紫玉兰（木兰、辛夷、木笔）

药材名：辛夷、紫玉兰

Magnolia liliflora Desr.

【分布】生于海拔400～2 000 m的山地阔叶林中。分布于我国甘肃、陕西、湖北、河南等省。

【特征】落叶乔木，高6～12 m。树皮淡灰色，平滑。芽卵形，密被淡黄色柔毛。叶片长圆状或卵状，披针形，长10～18 cm，宽3.5～6.5 cm，先端渐尖，基部圆形或楔形，全缘，两面无毛；叶柄长1～2 cm。花先叶开放，顶生幼枝，直径6～8 cm，芳香。花外面紫色，里面白色。聚合果圆柱形。花期3月，果期9月。

【药效与应用】花蕾入药。含挥发油，主要成分为1，8-桉油精等，用于治疗风寒头痛、鼻塞，可散风寒、通鼻窍。

白兰（白兰花、白玉兰）

药材名：白兰花

Michelia alba DC.

【分布】生于路旁或栽培于庭园中。分布于我国福建、广东、广西、云南和四川等省区。

【特征】常绿乔木，高10～20 m。树皮灰色，幼枝和芽被白色柔毛。叶薄革质，互生；叶片卵状椭圆形或长圆形，两面无毛或于下面被疏毛。花白色，单花腋生，极香；萼片长圆形；花瓣线形；雄蕊多数，多列，花丝扁平；心皮多数，胚珠在每心皮内多于2，螺旋状排列于延长有柄的花托上。果近球形，由多数开裂的心皮组成，多不结实。花期7月。

【药效与应用】叶、花有化痰止咳、利湿化浊功效，可治疗慢性支气管炎、前列腺炎、妇女白带。鲜叶适量，捣烂敷患处，治痈疡肿痛；花煎服，治白带；根20 g或花12 g煎汤内服，治支气管炎；根20 g煎汤分2次服，治泌尿系感染、小便不利等。

黄兰（黄玉兰）

药材名：黄缅桂

Michelia champaca L.

【分布】分布于我国云南、广东、广西、福建等省区。

【特征】常绿乔木，高达20 m。嫩枝和叶柄均被淡黄色的平伏柔毛。叶互生，薄革质，披针状卵形或披针状长椭圆形，长10～20 cm。花单生于叶腋，橙黄色，极香。聚合果长7～15 cm；种子有红色假种皮。花期6～7月，果期9～10月。

【药效与应用】根和果实祛风湿、利咽喉；果健胃止痛，治消化不良、胃痛。①根15～30 g，泡酒服，治风湿骨痛；②根切成薄片，每次含1～2片，徐徐咽下药液，半小时后吐出药渣再换，治骨刺卡喉；③果1～2 g，研粉内服，治胃痛。

荷花玉兰（洋玉兰）

药材名：广玉兰

Magnolia grandiflora L.

【分布】原产于北美东部。中国长江流域及以南的园林中常见栽培。

【特征】常绿乔木，高达30 m。小枝、芽、叶下面均被短绒毛。单叶互生，厚革质，椭圆形、长圆状椭圆形或倒卵状椭圆形，长10～20 cm，上面深绿色，有光泽。花大，直径15～20 cm，白色，芳香，花被片9～12，肉质，倒卵形，长6～10 cm，雌蕊群圆柱形，密被长绒毛。聚合果圆柱形或长卵圆形，长7～10 cm，直径4～5 cm，密被褐色或淡灰黄色绒毛，蓇葖背裂，具外弯长喙。种子近卵圆形。花期5～6月，果期9～10月。

【药效与应用】花、树皮入药。有祛风散寒行气止痛的功效，用于治疗外感风寒、头痛鼻塞、脘腹胀痛、呕吐腹泻、高血压、偏头痛。

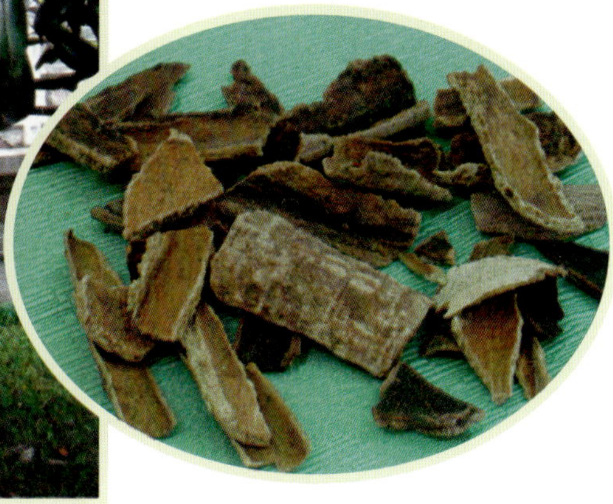

天女花（天女木兰）

药材名：天女花

Magnolia sieboldii K. Koch

【分布】生于山地。产于我国安徽、福建北部、江西，分布于吉林、辽宁、河北、湖北、湖南、广西、贵州，华东地区有人工栽培。

【特征】落叶小乔木，高达10 m。小枝初被银色平伏长柔毛。叶倒卵形或宽倒卵形，长9～15 cm，下面苍白色，常被褪色及白色毛，散生金黄色腺点。花白色，芳香，杯状，花被片9，近等大，外轮3片长圆状倒卵形或倒卵形，雄蕊紫红色，花药内向纵裂。聚合果红色，倒卵圆形或长圆形，长2～7 cm，蓇葖窄椭圆形，背缝2瓣全裂，顶端具喙。花期5～6月，果期8～9月。

【药效与应用】花蕾入药。有利尿消肿、润肺止咳的功效，用于治疗肺虚咳嗽、痰中带血、痈肿等。

乳源木莲（木莲）

药材名：乳源木莲

Manglietia yuyuanensis Law

【分布】生于山坡沟谷林缘或林中。产于我国安徽南部、浙江、福建、江西，分布于湖南南部及广东北部。

【特征】常绿乔木，高达8 m。芽鳞被金黄色平伏柔毛外，余皆无毛。单叶互生，革质，倒披针形、窄倒卵状长圆形或窄长圆形，长8～14 cm，边缘稍背卷。花单生于枝顶，花梗长1.5～2 cm，花被片9，外轮3片带绿色，倒卵状长圆形，长约4 cm，中、内轮肉质，白色，较短小。聚合果卵圆形，长2.5～3.5 cm，先端有短喙。花期3～5月，果期9～10月。

【药效与应用】果、根入药。有疏肝理气、通便止咳的功效，用于治疗肝胃气痛、脘胁胀痛、便秘、老年咳嗽。

鹅掌楸（马褂木）

药材名：鹅掌楸

Liriodendron chinense (Hemsl.) Sarg.

【分布】 产于我国安徽、浙江、福建、江西、江苏等省，主要分布于长江流域以南各地。

【特征】 落叶乔木，高达40 m。小枝灰色或灰褐色。叶片马褂形，长4～12 cm，两侧中下部各具1个较大裂片，先端具2浅裂，下部苍白色，被乳头状白粉点，叶柄长4～8 cm。花杯状，直径5～6 cm，花被片9，外轮绿色，萼片状，向外弯曲，内2轮直立，花瓣状，倒卵形，长3～4 cm，绿色，具黄色纵条纹；雄蕊多数，花期雌蕊群伸出花被，心皮多数，黄绿色。聚合果纺锤形，长7～9 cm，具翅的小坚果长约6 mm。花期5月，果期9～10月。

【药效与应用】 树皮、根入药。有祛风除湿、散寒止咳、强筋骨的功效。用于治疗风湿性关节痛、风寒咳嗽、祛风除湿、肌肉痿软。

凹叶厚朴（厚朴、厚朴花）

药材名：厚朴

Houpoëa officinalis (Rehd. et Wils.) N. H. Xiaet C. Y. Wu

【分布】适宜温暖、湿润气候和排水良好的土壤。分布于我国江苏、安徽南部、江西等省。

【特征】落叶乔木。叶互生，叶片椭圆状倒卵形，先端凹陷或2钝圆浅裂片。花与叶同时开放，单生枝顶；花梗密生丝状白毛；萼片与花瓣共9～12，肉质，近等长；雄蕊多数，螺旋状排列；雌蕊心皮多数，分离。聚合果长椭圆状卵形。花期4～5月，果期9～10月。

【药效与应用】树皮、根皮：活性成分为厚朴酚、和厚朴酚。花：主要有朴酚、和厚朴酚及樟脑等成分。含厚朴酚、和厚朴酚的含量不得少于0.20%。树皮、根皮：味苦、辛，性温。具有燥湿消痰、下气除满功效。宜于立夏至夏至间采集。根皮及枝皮直接阴干，干皮微煮后堆置阴湿处，“发汗”后蒸软取出，卷成筒状，干燥。花春末夏初采收，置笼中蒸至上汽后约10 min取出晒干。树皮、根皮入药。用量3～9 g，用于治湿阻中焦、脾胃气滞、脘腹胀满、肠胃积滞、脘腹胀痛、大便秘结、湿疹壅肺之咳喘等。花用量3～6 g，用于治湿阻气滞之脘腹胀满、疼痛等。

厚朴

药材名：厚朴、厚朴花

Houpoëa officinalis (Rehd. et C. Y .Wu)

【分布】原产于我国湖北省，现多栽培。

【特征】落叶乔木。树皮紫褐色，幼枝淡黄色，有绢毛。单叶互生，密集小枝顶端；叶片椭圆状倒卵形，革质，先端钝圆或短尖，基部楔形，全缘或略波状，背面幼时被灰白色绒毛，老时呈白粉状。花与叶同时开放，单生枝顶，花梗粗短，有毛；花被片9～12，白色，有香气；雄蕊及雌蕊各多数，螺旋状排列于延长花托上。聚合果长卵形或椭圆形，木质。每室具种子常1枚。花期4～5月，果期9～10月。

【药效与应用】树皮、根皮和花蕾入药。树皮和根皮含挥发油、生物碱、皂苷，以及鞣质和微量烟酸等。4～6月剥取，根皮及枝皮直接阴干；干皮置沸水中微煮后，堆置阴湿处，“发汗”，至内表面变紫褐色或棕褐色时，蒸软取出，卷成筒状，干燥。用于治疗湿滞伤中、脘痞吐泻、食积气滞、腹胀便秘和痰咳。

五味子（北五味）

药材名：五味子

Schisandra chinensis (Turcz.) Baill.

【分布】生于我国黑龙江、吉林、辽宁、内蒙古等省区。

【特征】多年生落叶木质藤本。茎枝红棕色或灰紫色，布有多数圆形皮孔。在幼枝上单叶互生，在老茎上则丛生于短枝，有腺点，叶片薄，阔椭圆形、阔倒卵形至卵形，边缘疏生有腺体的小齿。花单性，雌雄异株或同株，数朵丛生叶腋间而下垂，乳白色，结果时呈长穗状。肉质浆果球形，熟时呈深红色，内含种子1～2粒，种子肾形。花期5～7月，果期8～10月。

【药效与应用】种仁醇提物（五仁醇）及木脂素成分（五味子乙素、丙素、醇甲、酯甲、酯乙等）。果实入药。味酸，性温。具收敛固涩、益气生津、补肾宁心功效，用于治疗久嗽虚喘、梦遗滑精、遗尿尿频、久泻不止、自汗、盗汗、津伤口渴、短气脉虚、内热消渴和心悸失眠等症。

夜合花（夜香花）

药材名：夜香木兰、广东合欢花

Lirianthe coco (Lour.) DC.

【分布】分布于我国浙江、福建、台湾、广东和广西等省区。

【特征】常绿灌木或小乔木。全株无毛。叶常绿，椭圆形，窄椭圆形或倒卵状椭圆形；叶面波皱起伏，托叶与叶柄连生，托叶痕几达叶柄全长。花圆球形，花被片9，肉质，倒卵形，外轮花被片不退化为萼片状；雄蕊长4～6 mm；花药内向开裂，先出叶后开花；花丝白色；雌蕊群绿色，聚合果长约3cm；蓇葖近木质。花期夏季，果期秋季。

【药效与应用】花入药。味苦，性微温。有行气祛瘀、止咳止带功效，主治胁肋胀痛、咳嗽气喘、跌打损伤、带下病等。

含笑花（茶连木）

药材名：含笑

Michelia figo (Lour.) Spreng.

【分布】生于向阳山坡杂木林中。分布于我国南方各地区，在我国长江流域各地亦有人工栽培。

【特征】常绿灌木。叶柄较短，长在5 mm以下；托叶与叶柄连生，在叶柄上留有托叶痕。花直立，芳香，花被片外轮较小，常2轮，6片，肉质，淡黄色，边缘常染有紫色；雌蕊群无毛。聚合果无毛；蓇葖卵圆形或球形，顶端有短尖的喙。花期3～5月，果期7～8月。

【药效与应用】花入药。味辛、苦，性平。有行气通窍、芳香化湿功效，主治气滞腹痛、鼻塞等。花蕾可用于治疗月经不调、经痛等症。

观光木（香花木）

药材名：观光木

Michelia odora (Chun) *Nooteb. & B. L. Chen Tsoongiodendron. odorum* Chun.

【分布】濒危植物，国家二级保护植物。产于我国湖南、江西南部、华南至海南，以南岭山地为中心产区。主要分布于云南东南部、广西、广东、江西和福建等地。

【特征】常绿乔木，高25 m。树皮黄褐色。芽、小枝、叶柄、叶下面、花梗均密被锈褐色绒毛。叶互生，革质，椭圆形或倒卵状椭圆形，先端钝尖，基部楔形，托叶与叶柄连生，延至叶柄中部以下。花单生腋生，芳香，花被片淡黄色，有红色小斑点，雄蕊群超出雌蕊之上，花丝圆柱状；雌蕊9～12枚，覆瓦螺旋状排列，受精后全部愈合发育成肉质的聚合果，聚合果卵状椭圆形，下垂，干后木质，不规则开裂脱落，果轴宿存。适宜生长于气候温暖湿润、土壤深厚肥沃地带，萌芽力强。

【药效与应用】种子精油有抗炎、抗菌功效。观光木因纪念中国植物学家钟观光而得名。木材为散孔材，边材暗灰色，心材暗黄褐色，纹理直，结构细，质轻软，易加工，干燥后少开裂，刨面光滑，是建筑、乐器、家具及细木工用材。树干挺直，树冠宽广，枝叶稠密，花虽小而多，美丽芳香，是优美的庭园观赏及行道树种。花可提取芳香油，种子可榨油，供工业用。精油具有抗炎、抗菌、平喘、祛痰、镇静等作用。

11. 八角科 Illiciaceae

八角茴香（大茴香、大料）

药材名：八角茴香

Illicium verum Hook. f.

【分布】生于气候温暖、潮湿、土壤疏松的山地，人工栽培或野生。分布于我国广东、广西、贵州、云南等省区。

广西是八角茴香主产区，产量占全国产量的85%以上。

【特征】常绿乔木。树皮灰绿色至红褐色，有不规则的裂纹。单叶互生或3～6片簇生于枝顶。叶片厚革质，长椭圆形或卵状披针形，先端渐尖或急尖，基部狭楔形，全缘，稍内卷，上面深绿色，有光泽，并具油点，下面疏生柔毛。花两性，单生于叶脉或近顶生，花梗短，花被片7～12，数轮，覆瓦状排列，内轮粉红色至深红色，雄蕊11～12枚，排成1～2轮，心皮8～9，离生。花柱较子房略短或与子房近等长。果实多由8个蓇葖果放射排列成八角形的聚合果，红褐色，木质。蓇葖果扁平，先端钝尖或钝，成熟时由腹缝线开裂。种子1粒，扁卵形，亮棕色。花期春、秋季，果期秋季至翌年春季。

【药效与应用】八角茴香是重要的香料，既可入药，又可作调味品。入药可祛胃部寒气，顺肠气，暖丹田，润肾补肾，可治身体脓肿、霍乱、蛇伤、膀胱炎、呕吐、祛湿止痛等。八角油（茴油）具有刺激胃肠神经血管，增强血液循环的作用。成熟果实含挥发油，其中主要成分为反式茴香醚、对丙烯基苯基异戊烯醚等。动物实验表明，有升高白细胞和祛痰作用。醇提物对离体气管有抗组织胺作用；体外试验对枯草杆菌、大肠杆菌等多种细菌有抑制作用。果实、挥发油入药。用于治疗寒疝腹痛、肾虚腰痛、胃寒呕吐。

12. 蜡梅科 Calycanthaceae

蜡梅（蜡梅花、蜡花、黄梅花）

药材名：蜡梅花

Chimonanthus praecox (L.) Link

【分布】在我国各地均有人工栽培。

【特征】落叶灌木，高2～4 m。枝、茎呈方形，有椭圆形突出的皮孔。叶对生，椭圆状卵形至卵状披针形，长7～25 cm，宽2～8 cm，顶端渐尖，基部圆形或阔楔形，表面深绿色，背面淡绿色。花芳香，直径约2.5 cm，外部花被片卵状椭圆形，黄色，内部的渐短，有紫色条纹，花托椭圆形，长约4 cm，口部收缩，有附属物。瘦果椭圆形，深紫褐色，疏生细白毛，内有种子1粒。

【药效与应用】花含挥发油，内含1，8-桉叶素、龙脑、芳樟醇等，并含洋蜡梅碱、异洋蜡梅碱、蜡梅苷等成分。花蕾入药。味甘、微苦，性凉。可清热解暑、除烦止渴、开胃和止咳。内服煎汤，治疗暑热所致的头昏、胸闷呕吐、心烦、口渴、肺热咳嗽、百日咳、肝热目赤和咽喉肿痛。外用和浸酒滴耳、涂敷，治疗中耳炎和烫伤（蜡梅花以茶油浸涂可治疗烫火伤）。

13. 樟科 Lauraceae

肉桂（玉桂、清花桂）

药材名：肉桂、桂枝、桂油、桂皮

Cinnamomum cassia Presl

【分布】主产于越南清化、河内（北圻）、会安（中圻）和胡志明市等地，柬埔寨也有出产。在我国广东、广西等地有人工栽培。

【特征】常绿乔木，高12～17 m。全株有芳香气味。树皮灰褐色，一年生枝条圆柱形，黑褐色，当年生枝条多为四棱形，密被黄褐色绒毛；顶芽小，密被灰黄色绒毛。叶互生或近对生，长25～35（～48）cm，宽8～11（～13）cm，长椭圆形到近披针形，革质。边缘内卷，上面有光泽，无毛，下面疏被黄色短绒毛，离基三出脉，侧脉近对生；嫩叶呈紫红色，老叶背面深绿色；叶柄粗壮，被黄色短绒毛。圆锥花序腋生或近顶生；花被内外两面密被黄褐色短绒毛，花被筒倒锥形。浆果状核果，椭圆形。

【药效与应用】皮、枝、叶含挥发油分别为2.06%、0.36%和1.96%；皮、枝、叶含醛油分别为61.20%、77.34%和28.56%。树皮、嫩枝入药。用于治疗阳痿、宫冷、腰膝冷痛、肾虚作喘、阳虚眩晕、目赤咽痛、心腹冷痛、虚寒吐泻、寒疝、奔豚、经闭和痛经。有出血者及孕妇慎用，不宜与赤石脂同用。

樟（樟树、香樟）

药材名：樟脑、天然冰片

Cinnamomum camphora (L.) Presl

【分布】栽培或野生于河旁，或生于较为湿润的平地。主产于我国台湾、贵州、广西、福建等省区。

【特征】常绿乔木。树皮灰褐色或黄褐色，纵裂。小枝淡褐色，枝和叶均有樟脑味。叶互生，革质；叶片卵状椭圆形至卵形，先端渐尖，基部钝或阔楔形，上面深绿色有光泽，下面灰绿色或粉白色，无毛，幼叶淡红色；脉在基部以上三出，脉腋内有隆起的腺体。圆锥花序腋生，花小，绿白色或淡黄色；核果球形，熟时紫黑色，扩大的花被管所包围。花期4～6月，果期8～11月。

【药效与应用】树根、干入药。樟脑可兴奋中枢神经系统，对于高级中枢尤为显著；对循环性虚脱或急性心功能衰竭有强心作用；其水溶性代谢产物有明显的强心、升压和兴奋呼吸的作用；对皮肤有温和的刺激及防腐作用；对胃肠道黏膜的刺激，小剂量使胃感觉温暖舒适，大剂量则能产生恶心呕吐；有轻微的祛痰作用。入散剂或酒溶化服；外用适量，研末撒或调敷。用于治疗瘀胀腹痛、暑湿之邪所致腹痛闷乱、寒热、吐泻、疥癣湿疹、瘙痒溃烂等。

红楠（楠木）

药材名：红楠木

Machilus thunbergii Sieb. et Zucc.

【分布】多生于阔叶混交林中。产于山东、江苏、安徽、浙江、福建、台湾、江西，分布于湖南、湖北、广东、广西及香港。

【特征】常绿乔木，高达16 m。树皮黄褐色，小枝基部具环状芽鳞痕。单叶互生，倒卵形或倒卵状披针形，长5～13 cm，全缘，上面中脉稍凹下，侧脉不明显。圆锥花序顶生或在新枝上腋生，长5～12 cm，无毛，花被片6。浆果状核果，扁球形，紫黑色，直径约1 cm，果柄鲜红色。花期2月，果期7月。

【药效与应用】根皮和树皮入药。有舒筋活血，消肿止痛的功效，用于治疗扭挫伤、转筋、足肿、呕吐、腹泻、胃呆食少等，还可以治疗肾病、糖尿病及肿瘤。

绒毛桢楠（香胶木）

药材名：野枇杷

Machilus velutna Champ. ex Benth

【分布】生于我国华南地区。

【特征】乔木，高18 m。小枝、芽、叶下面和花序均密被锈色绒毛。叶互生，革质，叶矩圆形、卵形或倒卵形，长7.5～13 cm，宽2.2～4.5 cm，基部楔形，羽状网脉。圆锥花序生于小枝的顶端，花黄绿色；花被片6，具锈色绒毛。果球形，熟后蓝黑色，果梗红色。冬季开花，果期为翌年的春季。

【药效与应用】叶、根可消炎解毒、消肿止痛，适用于化痰止咳、烧伤烫伤。①叶去毛，配桑叶、野菊花叶各15 g，煎服，治支气管炎；②根或叶适量，研末用麻油调搽或煎洗，治烫伤。

山苍子（山鸡椒、木姜子、山苍树）

药材名：荜澄茄、豆豉姜、澄茄子

Litsea cubeba (Lour.) Pers.

【分布】生于灌丛、疏林或林中路旁和水边。分布于我国长江流域以南各地。

【特征】落叶灌木或小乔木，高10 m。全体无毛，有强烈的豆豉和姜香。根圆锥形，灰白色。茎皮灰褐色，小枝细长，幼时被短毛。叶互生；叶片长圆状披针形或长椭圆形，先端渐尖，基部楔形，全缘，上面亮绿色，下面灰绿色。花先叶开，淡黄色，雌雄异株；浆果球形如黄豆大，香辣成熟时黑色。花期2～3月，果期7～8月。

【药效与应用】根、果入药。可祛风除湿，温中理气、杀虫解毒。用于治疗肠胃炎、中暑感冒、毒蛇咬伤。①果单味煎服，治中暑；捣敷，治无名肿毒。根、茎单味煎服，治感冒头痛、风湿骨痛。②果配胡颓子叶、地黄根（野生地），治支气管哮喘。③根配茴香虫，治气痛、胸口痛。④外用研末擦牙或捣敷。

阴香（土肉桂）

药材名：胶桂、阴香皮、阴香叶

Cinnamomum burmannii (Nees) Bl.

【分布】生于我国广东、广西、海南、云南和福建等省区。

【特征】乔木。嫩枝无毛，树皮灰褐色至黑褐色，光滑，有肉桂香气。单叶互生，革质，卵形至长椭圆形，无毛，上面绿色，下面粉绿色，先端渐尖，基部楔形，具离基三出脉，脉腋内无腺体。圆锥花序顶生或腋生，花绿白色；果实卵形，果托6齿裂，齿顶平截。花期3～4月，果期4～10月。

【药效与应用】树皮、根皮、叶入药。根皮含挥发油0.4%～0.6%，油的主要成分为桂皮醛、丁香酚和黄樟醚。用于治疗寒性胃寒、胃胀、腹泻、风湿痛和创伤出血等。

潺槁树（潺槁木姜）

药材名：山槁、残槁强

Litsea glutinosa (Lour.) C. B. Rob.

【分布】生于山野、疏林或灌丛中。分布于我国广东、广西、福建和云南等省区。

【特征】常绿小乔木或乔木，高3～15 m。内皮有黏质，嫩枝、叶柄、叶下面、花序多有柔毛。叶革质或纸质；叶形多种，倒卵形、倒卵状长椭圆形或椭圆状披针形，长6.5～20 cm，宽约5 cm，先端钝或圆，基部楔形、钝或近圆形，上面无毛，下面绿色，花单性，雌雄异株；伞形花序生于近顶的叶腋内，单生或数个生于总花梗上。果球形，直径约7 cm。花期5～6月，果期6～7月。

【药效与应用】树皮、叶、根入药。根煎服25～50 g。皮、叶外用适量，煎洗或捣敷。①干根单味煎服，治肠炎和腹泻、跌打损伤、腮腺炎及痈疮；②树皮、叶捣敷，治疮疖或乳腺炎初起。

乌药（细叶樟）

药材名：台药

Lindera aggregata (Sims) Kosterm.

【分布】生于荒山灌木林中或高草丛中阳光充足、土壤肥沃处。分布于我国广东、广西、安徽、江苏和浙江等省区。

【特征】常绿灌木或小乔木，高4～5 m。根膨大呈念珠状。树皮灰绿色，枝褐色，嫩枝被锈色柔毛或绢毛。叶互生，薄革质，叶片椭圆形，先端渐尖或尾状渐尖，基部圆形或广楔形，背面密生灰色绒毛，三出脉。雌雄异株，花小，伞形花序腋生，核果浆果状。

【药效与应用】根块入药。有祛风散寒、行气止痛、消肿散瘀功效。①配橘皮、苏叶煎服，治心腹气痛；②水磨煎汁，治小儿慢惊、昏沉或抽搐。煎服7～15 g，磨汁或入丸、散服。气虚、内热者忌服。

14. 八角枫科　Alangiaceae

八角枫（八角金盘、华木瓜）

药材名：八角枫

Alangium chinense (Lour.) Harms

【分布】生长于我国长江流域及珠江流域各省区，北至河南，西北至甘肃。

【特征】落叶乔木，高达15 m。常呈灌木状，树皮淡灰色，平滑。单叶互生，卵形，长13～20 cm，基部歪斜，叶柄红色。花白色，6～8月开花，核果卵球形，长5～7 cm。

【药效与应用】根含dL-毒藜大碱（新烟碱，八角枫碱）、喜树次碱。根、叶、花入药。根（八角枫根）：味辛，性微温，有小毒。有祛风除湿、舒筋活络、散瘀止痛功效，用于治疗风湿痹痛、四肢麻木、跌打损伤。叶：广西民间用于跌打接骨；贵阳民间以叶磨成细粉，外敷止刀伤出血。花：四川民间用于治疗头风痛及胸腹胀满，研末蒸鸡蛋服。

15. 五味子科 Schisandraceae

冷饭团（大叶钻骨风、厚叶五味子）

药材名：黑老虎

Kadsura coccinea (Lem.) A. C. Smith

【分布】多生于山地、山谷、水旁疏林中，常缠绕树上。分布于我国广东、广西、湖南、云南、四川等省区。

【特征】常绿木质藤本。叶互生，革质，长椭圆形至卵状披针形，长8～17 cm，宽3～8 cm，顶端急尖或短渐尖，基部宽楔形，全缘，近无毛；叶柄长1～2 cm。花单性，雌雄同株，单生于叶腋，红色或红黄色，花被片10～16；雄蕊14～48，2～5轮排列，雄蕊柱圆球状，顶端有多数长3～8 mm线状钻形附属物。聚合果近球形，成熟时红色或黑紫色，直径6～12 cm，小浆果50～80个。花期4～7月，果期8～12月。

【药效与应用】味辛、微苦，性温。有行气、活血、止痛功效。治寒凝气滞所致的胃痛、血瘀痛经、经闭、产后瘀阻腹痛、风湿痹痛、跌打瘀痛。内服煎汤10～15 g；或研末，每次1～1.5 g。①冷饭团根15 g、凤尾草30 g、盘柱南五味子15 g、乌药3 g，煎服，治痛经；②冷饭团根30 g、山鸡椒15 g，煎服，治产后恶露不净腹痛和痛经。

华中五味子（老鼠葡萄）

药材名：南五味子

Schisandra sphenanthera Rehd. et Wils.

【分布】生于海拔600～3 000 m的湿润山坡或灌丛中。分布于我国山西、陕西、四川、云南和贵州等省。

【特征】落叶木质藤本。全株无毛。叶下面不具白粉，淡绿色或两面同色。花生于近基部叶腋，花被片橙黄色；雄花托顶端伸长，无盾状附属体；雄蕊11～23枚；花药内侧向开裂，两药室倾斜，顶端分开，基部近邻接；雌花具雌蕊25～60枚。聚合果长5～17 cm。花期4～7月，果期7～9月。

【药效与应用】果实入药。味酸、甘，性温。有收敛固涩、益气生津、补肾宁心功效，主治久嗽虚喘、梦遗滑精、遗尿尿频、久泻不止、自汗、盗汗、津伤口渴、短气脉虚、内热消渴、心悸失眠等。

16. 小檗科 Berberidaceae

南天竹（天竺、南天竺）

药材名：南天竹

Nandina domestica Thunb.

【分布】生于疏林，多栽培于庭园。分布于我国南部、中部及华东等地。

【特征】常绿灌木，高约2 m。茎直立，少分枝，幼枝常为红色。叶通常为二至三回单数羽状复叶，各级羽状叶均对生；小叶椭圆状披针形，全缘，革质，深绿色，冬季变红色；叶柄基部膨大呈鞘状，包围茎上，叶柄及总轴有纵条纹。圆锥花序顶生；萼片多轮，花瓣6，白色；雄蕊6，分离。浆果球形，鲜红色，含种子2粒。花期5～7月，果期8～10月。

【药效与应用】果实：味酸、甘，性平。叶及根：味苦，性寒。有敛肺、止咳、清肝明目、祛风化痰、清热除湿的功效。内服煎汤，果实6～15g，鲜根30～60g。外用适量，捣敷或煎水洗。

①叶煎水洗眼，治目赤肿痛；②果9～15g，水煎调冰糖服，治百日咳；③鲜叶捣烂敷，治疮毒；④根30～60g，煎调酒服，治坐骨神经痛。

三颗针（庐山小檗）

药材名：三颗针

Berberis virgetorum Schneid.

【分布】生于山地灌丛中或山谷溪边阴处。产于江西、浙江、福建，分布于湖北、湖南、广东、广西等地。

【特征】落叶灌木，高2～3 m。茎多分枝，有棱，刺通常单生，稀3分叉，长1～3 cm。单叶簇生，长圆状菱形、倒披针形或匙形，长4～8 cm，宽1.5～4 cm，先端短尖或微钝，基部渐狭而呈柄状，下面灰白色，被白粉。花序略呈总状或近伞形，花黄色，花瓣6片，椭圆状倒卵形。浆果长圆状椭圆形，长约9 mm，红色，微被白粉。花期4～5月，果期6～9月。

【药效与应用】茎及根入药。有清湿热、解毒的功效，用于治疗湿热泻痢、黄疸、胆囊炎、口疮、咽喉肿痛、火眼目赤、湿热淋浊、丹毒、疮疡肿毒、火烫伤等。

十大功劳（黄天竹、阔叶十大功劳）

药材名：功劳木

Mahonia bealeiealei (Fort.) Carr.

【**分布**】生于山谷、林下阴湿处。分布于甘肃、河南、浙江、安徽等地。

【**特征**】常绿灌木，高达4 m。根、茎断面黄色、叶苦。羽状复叶互生，长30～40 cm，叶柄基部扁宽抱茎；小叶7～15，厚革质，广卵形至卵状椭圆形，长3～14 cm，宽2～8 cm，先端渐尖呈刺齿，边缘反卷，每侧有2～7枚大刺齿。总状花序粗壮，丛生于枝顶；苞片小，密生；浆果卵圆形，熟时蓝黑色，有白粉。花期7～10月，果期10～11月。

【**药效与应用**】茎含小檗碱、小檗胺、药根碱等生物碱类成分。茎入药。用于治疗湿热泻痢、黄疸、目赤肿痛、胃火牙痛、疮疖、痈肿、痢疾、黄疸型肝炎，以及腹泻（包括小儿消化不良、急性肠炎及菌痢）。与麦冬、知母、川贝等养阴清热化痰之品配伍应用，可治肺痨咳嗽、痰血。与熟地、续断、沙苑子等配伍可治头晕耳鸣、腰膝酸软。

17. 大血藤科 Sargentodoxaceae

大血藤（血藤）

药材名：大血藤

Sargentodoxa cuneata (Oliv.) Rehd. et Wils.

【分布】生于山坡灌丛、疏林中或林缘。产于我国江苏南部、安徽、浙江、福建北部、江西，分布于湖北、湖南、广东、海南、香港、广西、贵州、云南东南部、四川、甘肃南部、陕西南部及河南。

【特征】落叶缠绕藤本。长达27 m，直径达9 cm，全株无毛。小枝暗红色。三出复叶，互生，顶生小叶近菱状倒卵形，侧生小叶斜卵形。花单性，雌雄同株，总状花序腋生，长6～12 cm，萼片6，花瓣状，绿色；花瓣小，鳞片状；雄蕊6个，雌蕊多数，螺旋状生于卵状凸起的花托上。聚合果由多个近球形的小浆果组成，蓝黑色。花期5～7月，果期9～10月。

【药效与应用】茎藤入药。有解毒消肿，祛风除湿，活血通络，止痛的功效。用于治疗急、慢性阑尾炎，痢疾，月经不调，跌打损伤，虫积腹痛，乳腺炎等。

18. 木通科 Lardizabalaceae

木通（五叶木通）

药材名：木通、预知子

Akebia quinata (Thunb.) Decne.

【分布】多生于山坡或疏林间。广布于我国长江流域各地。

【特征】落叶藤本。掌状复叶互生或簇生；小叶纸质。花略芳香；雄花萼片通常3片，淡紫色，兜状阔卵形，雄蕊6枚，离生；雌花萼片暗紫色，心皮3～9个，离生，退化雄蕊6～9枚。果孪生或单生，长圆形或椭圆形，成熟时紫色。花期4～5月，果期6～8月。

【药效与应用】藤茎味苦，性微寒。有清心火、利小便、通经下乳功效，主治胸中烦热，喉痹咽痛，水肿。果实味苦，性寒。有疏肝理气、活血止痛、利尿、杀虫功效，主治脘胁胀痛同，小便不利，蛇虫咬伤。①根或果50 g煎服，可治肠胃闷；②配金樱子、海金沙根、天葵子煎服，可治淋巴结核；③水煎调蜜服，治噤热痢；④配尿珠子煎服，治输尿管结石。蔓茎可用于编制用具，并可代绳。

白木通（三叶藤）

药材名：木通

Akebia trifoliata (Thunb.) Koidz.

【分布】生于溪边、山谷、林缘灌丛、路边阴湿处或稍干旱山坡。产于我国江苏、安徽、浙江、江西、福建等省，分布于山西南部、河南南部、湖北西部、陕西南部及四川、甘肃等地。

【特征】落叶木质藤本，长达10 m。冬芽卵圆形，具10～14片红褐色鳞片。掌状复叶，小叶3枚，卵形、椭圆形或披针形，边缘波状或不规则浅裂，长3～8 cm，宽2～6 cm。总状花序生于短枝叶丛中，萼片3，淡紫色，卵圆形，雄蕊6个，紫红色。蓇葖果椭圆形，长5～8(11) cm，淡紫色，光滑或具小颗粒凸起。种子黑色，有光泽。花期3～4月，果期7～9月。

【药效与应用】果实有疏肝理气，活血止痛，除烦利尿，杀虫的功效，用于治疗肝胃气痛、胃热食呆、赤白痢疾、腰痛、疝气、痛经、恶性肿瘤、瘰疬；藤茎有清热解毒、活血通脉的功效，用于治疗小便短赤、淋浊、水肿、胸中烦热、咽喉疼痛、口舌生疮、乳汁不通、月经不调等。

19. 金缕梅科 Hamamelidaceae

枫香（枫沙木、枫木）

药材名：路路通

Liquidambar formosana Hance

【分布】生于我国华东、华南、西南等地。

【特征】乔木，高达40 m。树皮灰褐色，粗糙，有皮孔。单叶互生，叶片宽卵形，常3裂，幼枝及萌发枝的叶多为掌状5裂，上面深绿色，下面淡绿色；叶柄长3～7 cm；托叶线形，早落。花单性，雌雄同株；雄花为柔荑花序，无花被，雄蕊多数，花丝不等长；雌花为球形的头状花序，直径1.5 cm，有花23～43朵，花序梗长。蒴果多数集生呈头状球形果序，直径2.5～4.5cm，表面有由宿存花柱及子房周围的苞片变成的刺状物，蒴果长椭圆形，下部藏于花序轴内，成熟时顶孔开裂。种子有发育不完全和发育完全两型。前者占多数，多角形，细小，黄棕色；后者长圆形而扁，具翅，褐色。花期3～4月，果期9～10月。

【药效与应用】果序和树脂入药。成熟果序含挥发油、黄酮类、酚类、有机酸及糖类。此外，尚含齐墩果酮酸甲酯、3-表齐墩果酸甲酯。挥发油中含β-蒎烯、柠檬烯、α-松油烯等成分。药理实验表明，对关节炎肿胀有消退功效及治疗蛋清性关节炎。中药成药为路路通，用于治疗关节痹痛、麻木拘挛、水肿胀满和乳少经闭。

檵木（螺砚木、白花树）

药材名：檵木叶

Loropetalum chinensis (R. Br.) Oliv.

【分布】生于向阳山坡。分布于我国长江流域及南岭山地。

【特征】常绿、多分枝灌木，高1～5 m。小枝被星状毛。叶互生，卵形或椭圆形，长2～5 cm，顶端锐尖，基部钝，全缘；侧脉每边5条，明显；叶柄长达5 mm，被星状毛；托叶三角状披针形。花春季开放，3～8朵簇生于枝顶，蒴果木质，卵球形，被棕色星状绒毛，下半部被宿存。花期5月，果期10月。

【药效与应用】叶、花和根入药。味苦、涩，性凉。具有清热解毒、收敛和止血功效。夏、秋季枝叶茂盛时采收，晒干。叶含鞣质、黄酮类成分。有报道，从叶的黄酮类成分中可分离出槲皮素。此外，叶尚含还原糖、苷类和酚物质。有抗菌和宫缩作用，对心血管有影响。本品的鞣酸及其衍生物对蛋白质或血清有凝集沉淀作用，能收缩毛细血管及促进血液凝固。外用鲜品适量，捣烂敷患处，用于治疗烧伤或烫伤、外伤出血、吐血、崩漏和腹泻等。

红花荷（红荷木）

药材名：红花荷

Rhodoleia championii Hook.

【分布】生山地林中。分布于我国广东和广西等地。

【特征】常绿乔木。叶厚革质，卵形，上面深绿色，发亮，下面灰白色，无毛；基出三脉；干后有多数小瘤状突起。头状花序有花5～8朵，花瓣2～5片，红色，生于花序外侧，内侧花瓣位移或消失，整个花序形如单花；雄蕊与花瓣等长；花柱略短于雄蕊，头状果序有蒴果5个。花期3～4月。

【药效与应用】叶入药。味辛，性温。有活血止血功效，主治寒凝血脉导致的出血症。

20. 虎皮楠科（交让木科） Daphniphyllaceae

交让木（山黄树、女儿红）

药材名：交让木

Daphniphyllum macropodum Miq.

【分布】生于常绿阔叶林中。产于我国安徽、浙江、福建、台湾、江西，分布于湖北、湖南、广东、广西、贵州、云南、四川及陕西。

【特征】常绿乔木或灌木状，高达10 m。小枝粗，暗褐色。单叶互生，常簇生于枝端，革质，长圆形或长圆状披针形，长14～25cm，宽2.5～4 cm，下面有时被白粉，叶柄粗，长3～6 cm，紫红色。雄花序长6～7 cm，无花萼，雄蕊8～10个；雌花序长6～9cm，无花萼。子房卵形，长约2 mm，有时被白粉，花柱极短，柱头2个，叉开。核果椭圆形，暗褐色，具疣状凸起。花期3～5月，果期8～10月。

【药效与应用】叶、种子入药。民间以鲜叶捣烂外敷用于治疗疮疖肿毒等。

牛耳枫（牛耳铃）

药材名：牛耳枫

Daphniphyllum calycinum Benth.

【分布】生于山坡、山谷疏林中或旷地灌丛中。产于福建、江西，江苏有栽培，分布于湖南、贵州、广西、广东、海南及香港。

【特征】常绿灌木，高达5 m。小枝灰褐色，有稀疏皮孔。单叶互生，纸质，椭圆形、倒卵状圆形或宽椭圆形，长10～20 cm，宽4～10 cm，下面被白粉，具细小乳突，叶柄长5～15 cm。花小，雌雄异株，总状花序腋生，长2～6 cm，花萼盘状，直径约5 mm，裂片3～4。核果卵圆形，被白粉，具小疣状凸起，柱头宿存，基部有宿存萼裂片。花期4～6月，果期8～9月。

【药效与应用】果实、枝叶、根入药。有清热解毒、活血化瘀、祛风、消肿止痛的功效。用于治疗感冒发热、痨咳、热泻、扁桃体炎、脾脏肿大；叶用于治疗风湿骨痛、疮疥、蛇伤；鲜叶捣烂，外敷骨折、蛇咬伤等处。

21. 杜仲科 Eucommi

杜仲（川仲）

药材名：杜仲

Eucommia ulmoides Oliv.

【分布】产于我国四川、陕西、甘肃等省。

【特征】落叶乔木，高达20 m。树皮、叶、果折断后有白色胶丝。树皮灰褐色，粗糙；嫩枝有黄褐色毛，不久变秃净。叶互生；叶柄长1～2cm；叶片椭圆形、卵形或矩圆形，薄革质，先端渐尖，基部圆形或阔楔形，边缘有锯齿。花单生于当年生枝基部，花单性，雌雄异株，无花被；雄花苞片倒卵状匙形，雄蕊5～10枚；雌花苞片倒卵形，子房无毛，扁而长，先端2裂。翅果扁平，长椭圆形，先端2裂，基部楔形。花期4～5月，果期9～10月。

【药效与应用】树皮、叶入药。树皮含杜仲胶。全株含桃叶珊瑚苷和松脂醇二葡萄糖苷、卫矛醇。有报道，枝皮含二十九烷、二十八醇、β-谷甾醇、白桦脂醇、白桦脂酸、乌苏酸。此外，尚含树脂、鞣质、还原糖等。药理实验表明，杜仲皮、叶水浸物、醇浸物具急性降压和扩张血管作用。制剂具利尿、抗炎、补肝肾、强筋骨、安胎作用。主要用于治疗高血压、小儿麻痹后遗症。

22. 榆科 Ulmaceae

榆树（榆）

药材名：榆白皮

Ulmus pumila L.

【分布】生于山坡、山谷林中或林缘。我国华东地区广为栽培，广布于华北、西北、东北、西南各地。

【特征】落叶乔木，高达25 m。树皮暗褐色。小枝灰白色，近无毛。单叶互生，椭圆状卵形或椭圆状披针形，长2～8 cm，边缘具单锯齿，基部偏斜，上面无毛，正面被毛。花簇生，生于上年枝的叶腋。翅果椭圆形，长1.5～2 cm，无毛，顶端凹缺，果核位于翅果中部或中上部。花期3～4月，果期4～6月。

【药效与应用】树干或根的内皮（榆白皮）有利水、通淋、消肿的功效，用于治疗小便不利、淋浊、水肿、痈疽发背、丹毒、疥癣、骨折及外伤出血。果实有健脾安神的功效，用于治疗神经衰弱、失眠、体虚水肿等。叶、花和枝亦供药用。

糙叶树

药材名：糙叶树

Aphananthe aspera (Thunb.) Planch.

【分布】生于山坡山谷林中。产于山东、江苏、安徽、浙江、江西、福建、台湾，广布于我国华中、华南及西南各省区。

【特征】落叶乔木，高达25 m。幼枝红褐色，被贴生毛。单叶互生，卵形或卵状椭圆形，长5～11 cm，边缘具尖锐锯齿，两面被平伏硬毛，粗糙，掌状三出脉，侧脉伸达齿尖。花单性，雄花序生于新枝基部，雌花单生于新枝上部叶腋。核果卵圆形，直径约8 mm，成熟时紫黑色，有平伏细毛。花期4～5月，果期8～10月。

【药效与应用】树皮和根皮入药。味苦、甘，性凉。有清热解毒、活血散瘀、消肿止痛的功效，用于治疗腰部损伤、酸痛等。

朴树

药材名：朴树

Celtis sinensis Pers.

【分布】生于山坡、林缘或村边、路旁的疏林中。分布于我国长江以南地区及河南、山东等地。

【特征】落叶灌木。树皮光滑，灰色；一年生被密毛。叶革质，宽卵形至狭卵形，长3～10 cm，中部以上边缘有浅锯齿，三出脉，下面无毛或有毛；叶柄长3～10 mm。花杂性（两性或单性花同株），1～3朵聚生；红褐色。花期5月，果期10月。

【药效与应用】树皮、叶、根皮、果实入药。根皮：散瘀止泻，治跌打损伤、痔疮下血、食滞腹泻、下痢不止。果实：清热利喉，治感冒风寒、咳嗽声哑等。煎服10～15 g，外用适量，煎汁涂敷。①根皮配苦参，治腰痛。②叶煎汁，热敷洗或涂搽，治漆疮。

山黄麻

药材名：山黄麻

Trema tomenfosa (Roxb.) Hara

【分布】生于阴湿沟谷和林中，或空旷的山坡，分布于云南、贵州、广东等地。

【特征】小乔木。当年枝密被白色柔毛。叶卵形、卵状披针形或披针形，长6～18 cm，先端长渐尖，基部心形或近截形，常稍斜，基部三出脉明显，侧出的1对达叶的中上部，侧部5～7对，边缘有小锯齿，上面有短硬毛而粗糙，下面密被银灰色或微带淡黄色柔毛。聚伞花序常对腋生；花单性；核果卵圆形。花、果期3～8月。

【药效与应用】根、叶有收敛止血、散瘀消肿功效，治跌打损伤、外伤出血等。煎服15～25 g；外用适量，煎洗或捣敷。根单味煎服，治跌打损伤。

23. 冬青科 Aquifoliaceae

铁冬青（熊胆木、狗屎木）

药材名：救必应

Ilex rotunda Thunb.

【分布】生于山谷、溪边的疏林中。分布于我国江苏、浙江、广西、广东等省区。

【特征】常绿乔木或灌木。树皮灰色，小枝圆柱形，红褐色。叶互生，卵圆形至椭圆形，两端短尖，全缘，上面有光泽；叶柄长7～12 mm。花单性，雌雄异株，伞形花序；核果球形到椭圆形，熟时红色，顶端有宿存柱头。花期5～6月，果期9～10月。

【药效与应用】树皮、根皮有清热解毒、利湿、消肿止痛功效，治感冒发热、扁桃体炎、咽喉肿痛、急慢性肝炎、急性肠胃炎、胃及十二指肠溃疡、风湿关节痛、跌打损伤等。①单味煎服，治外感风热头痛、急慢性肝炎、喉痛；②配山豆根、龙牙草、路边菊，治瘰疬；③配海螵蛸、绯红南五味子、竹叶椒，治胃、十二指肠溃疡。

枸骨（鸟不宿、猫儿刺）

药材名：功劳叶、枸骨

Ilex cornuta Lindl. et Paxt.

【分布】生于山坡、谷地、溪边杂木或灌丛中，庭园常有栽培。主要分布于我国长江中下游各地。

【特征】常绿小乔木或灌木，高3～4 m。树皮灰白色，平滑，枝条繁密。叶互生，硬革质，近方形，长4～10 cm，宽1.5～3 cm，一端较宽，有3枚尖硬刺齿，中央的刺齿向下反卷，基部两侧各有刺1～2，上面绿色，有光泽；叶柄短。花杂性，簇生于二年生枝上；黄绿色，果实球形，鲜红色。花期4～5月，果期9～10月。

【药效与应用】叶含冬青Ⅰ甲酯、冬青苷Ⅱ、羽扇豆醇、熊果酸、胡萝卜苷、地榆苷Ⅱ、地榆苷Ⅰ、苦丁茶苷甲、苦丁茶苷乙、苦丁茶苷丙、苦丁茶苷丁。有的地区作苦丁茶用，无毒性反应。近年来对其药理作用有一定研究，其中以用作避孕的研究最为突出。叶入药。干叶20 g，水煎服。用于治疗肺痨咯血、骨蒸潮热、头晕目眩和高血压。

毛冬青（火烙木）

药材名：毛冬青

Ilex pubescens Hook. et Arn.

【分布】生于山野坡地、丘陵的灌木丛中。主要分布于我国华东、华南地区及台湾等地。

【特征】常绿灌木。小枝具棱，被粗毛，干后黑褐色。单叶互生；纸质或膜质；椭圆形或倒卵形，先端尖，通常有小凸尖，基部阔楔形或略钝，下面被疏粗毛，边缘具稀疏的小尖齿，中脉上面凹陷，花淡紫色或白色，雌雄异株；花序簇生；浆果球形，熟时红色。花期夏季。

【药效与应用】根有清热解毒、活血通脉功效，可治疗风热感冒、肺热喘咳、扁桃体炎、冠心病、脑血管意外所致的偏瘫、血栓闭塞性脉管炎、皮肤急性化脓性炎症等。煎液涂，可治疗刀枪伤及跌打肿痛。

苦丁茶（大叶冬青）

药材名：苦丁茶

Ilex latifolia Thunb.

【分布】生于沟谷或山坡疏林中。在我国广东、安徽、浙江、广西等省区均有野生或栽培。

【特征】常绿乔木。树皮红黑色或灰黑色，粗糙；小枝粗壮，灰褐色，无毛。叶经生，革质或厚革质，长圆状椭圆形或倒披针状椭圆形，顶端短渐尖，基部渐狭，边缘有小锯齿，齿钝而有黑色尖头，上面光亮，两面无毛；叶脉在叶面呈沟状，侧脉每边10～14条；叶柄有翅。花白色，单性，雌雄异株。雄花序为腋生聚伞花序，通常有花3～7朵，花萼裂片4枚，卵形或三角状圆形；花冠轮状，花瓣4片，倒卵状长圆形，雄蕊4枚，比花瓣短。果序腋生，假总状，总轴粗壮，核果球形，红色，顶部有盘状宿存柱头；果梗粗壮，分核4个，长圆形。

【药效与应用】叶含香树精、羽扇豆醇、乌发醇、β-谷甾醇和熊果酸等。新鲜叶中含苦味质皂苷、阔叶糖苷乙。叶入药。可用于治疗热病烦渴、风热头痛、牙痛、止赤和湿热痢疾等。

岗梅（秤星木、梅叶冬青）

药材名：岗梅根

Ilex asprella (Hook. et Arn.) Champ. ex Benth.

【分布】多生于丘陵地的灌木丛中和低山的疏林下，以及村边、路边的旷地上。分布于我国广东、海南、湖南、福建、台湾等地。

【特征】落叶灌木，高达3 m。枝条表面散生多数大小似秤星的黄白色皮孔。叶互生，膜质，卵形，顶端渐尖，基部短尖或浑圆，边缘有小锯齿，叶面光亮。白色花，雌雄异株；雄花单生于叶腋，花瓣白色，通常4片，间有5～6片，仅在基部合生，雌蕊1枚，花柱短，柱头浅裂。果为浆果状核果，圆球形，成熟时黑色，内分核4～6粒，内果皮骨质。

【药效与应用】清热解毒，利咽消肿，生津止渴。全年均可采收。挖取根部，洗净，趁鲜斩成小片块，晒干。①根、叶单味煎服，治肺痈、流感、感冒高热、急性扁桃体炎、咽喉炎；②根配金银花、凤尾草，治食野菌或砒霜中毒；③根配鸡矢藤，用治偏头痛。外用适量，捣敷。

24. 胡桃科 Juglandaceae

核桃（胡桃）

药材名：核桃

Juglans regia L.

【分布】我国各地广泛栽培，以华北最多。

【特征】落叶乔木，高可达35 m。树皮灰色，具纵裂；小枝有片状髓，无毛。单数羽状复叶互生，叶轴密生腺毛；小叶5～9片，无柄或近无柄，卵形、矩卵形或椭圆状倒卵形，长5～13 cm，宽2～6.5 cm，先端尖，基部圆形，全缘，上面鲜绿色，无毛，下淡绿色，仅侧腋内有一簇短柔毛。花单性同株，雄花下垂柔荑花序，雌花序穗状顶生，直立。核果近圆形，外果皮肉质，绿色，内果皮（果核）坚硬，骨质，表面凹凸或皱褶，有2条纵棱，黄褐色。花期4～5月，果期10月。

【药效与应用】秋季果实成熟时采取，除去肉留果皮，晒干，再除去核壳及木质隔膜。核桃仁含脂肪油，主要成分为亚油酸、油酸、亚麻酸的甘油酯；另含蛋白质、碳水化合物、维生素E、维生素B_2、钙、磷、铁、胡萝卜素、核黄素等。用量6～9 g，水煎服或入丸散。外用：捣敷。用治腰膝酸软、虚寒喘咳、遗精阳痿、大便秘结。

枫杨（沙柳木）

药材名：麻柳

Pterocarya stenoptera C. DC.

【分布】广布于我国长江流域以南及西南各省区，华北和东北也有栽培。

【特征】落叶乔木，高达30 m。冬芽裸露，常2～4个叠生，具柄，密被锈褐色腺鳞。奇数羽状复叶，常因顶叶缺失而呈偶数状互生，长20～40 cm，叶轴具翅，小叶10～16枚，长椭圆形，长8～12 cm，具内弯的锯齿。雄柔荑花序单生叶腋，雌柔荑花序顶生，长10～15 cm，花序轴密被星状毛和单毛。果序长20～45 cm，坚果长椭圆形，具2个斜展的翅，翅长1.2～2 cm。花期5月，果期8～9月。

【药效与应用】树皮、果实、叶。树皮有祛风止痛、杀虫、敛疮的功效，用于治疗风湿麻木、寒湿骨痛、风寒咳嗽、牙痛、疥癣、痔疮、溃疡、日久不敛等。果有温肺止咳，解毒敛疮的功效，用于治疗风寒咳嗽、疮疡肿毒。叶有止咳平喘、祛风除湿、解毒疗疮的功效，用于治疗慢性气管炎、疮疽疖肿、疥癣风痒，尚可用于治疗膝关节痛、阴道滴虫病、血吸虫病。

化香树（饭香树）

药材名：化香叶、化香果

Platycarya strobilacea Sieb. et Zucc.

【分布】生于海拔600～1 300 m的向阳山坡及杂木林中。分布于我国甘肃、陕西和山东等地。

【特征】落叶小乔木。叶总柄显著较叶轴短。小叶7～23片，边缘有锯齿。两性花序和雄花序在小枝顶端排列成伞房状花序，直立；两性花序通常1条，着生于中央顶端；雄花苞片阔卵形，雄蕊6～8枚；雌花苞片卵状披针形，花被2枚。果序卵状椭圆形。花期5～6月，果期7～8月。

【药效与应用】叶、果实入药。叶：味辛，性热，有毒。有解毒疗疮、杀虫止痒功效，主治疮毒。果：味甘，性温。有活气行血、止痛、杀虫止痒功效，主治内伤胸腹胀痛、跌打损伤、痈肿、湿疮、疥癣等。

25. 山毛榉科（壳斗科） Fagaceae

板栗（毛栗）

药材名：栗子、风栗壳

Castanea mollissima Bl.

【分布】除我国西北的宁夏、青海、新疆及南方的海南外，南北各地均有分布或栽培。

【特征】落叶乔木，高达20 m。幼枝被灰褐色绒毛。单叶互生，椭圆形或长圆形，长7～15 cm，锯齿具芒尖，下面被星状绒毛或近无毛。花单性，雌雄同株，雄柔荑花序直立，长10～20 cm，白色，芳香。壳斗球形，连刺直径4～8 cm，刺被星状毛，壳斗内有坚果2～3个，扁球形，栗褐色，直径2～3 cm。花期5～6月，果期9～10月。

【药效与应用】种仁、总苞入药。种仁有补肾、养胃健脾的功效，用于治疗泄泻、腿脚软弱、折伤肿痛、便血。花序有止泻、止血的功效，用于治疗泻痢、便血和瘰疬。外果皮用于治疗鼻血、便血、丹毒、红肿。内果皮用于治疗瘰疬等。叶和树皮亦可入药，用于治疗丹毒、漆疮等。

26. 桦木科 Betulaceae

白桦树（白桦）

药材名：桦树皮、白桦

Betula platyphylla Suk.

【分布】生于我国东北、西北和西南各地。

【特征】落叶乔木，高12～20 m。树皮白色，易剥离，内皮黄色。嫩枝条红褐色，有腺点。单叶互生，宽卵形或三角状卵形，长3～9 cm，宽2～6 cm，先端渐尖，有时呈短尾状，基部微圆至宽楔形，边缘有不规则的重锯齿，上面深绿色，下面色浅，两面均无毛，或在基部稍有短毛。花单性，雌雄同株，柔荑花序；雄花3朵聚生于每一鳞片内；雌花生于枝顶；果穗长柱状，果苞长3～7 mm，中间裂片三角形，侧裂片开展至向下弯，翅果窄椭圆形，膜质翅与果等宽或较果宽。4～5月开花。

【药效与应用】含白桦脂醇23%～33%、各种脂肪酸>35%、鞣质约7%，以及酚性物质、还原性物质、多糖类、皂苷、蛋白质、三萜类、总苷等。采用试管液基稀释法对皮和叶的提取物进行抗真菌试验，皮和叶提取物对真菌中不同菌种的MIC值分别为0.313～10.000 mg/ mL和0.625～10.000 mg/ mL，具有显著的抗真菌作用。从树皮中流出的无色透明或微带淡黄色的白桦液具有滋补功效。用于治疗急、慢性痢疾，咳嗽气喘和乳痈。

亮叶桦（光皮桦、狗啃木、花胶树）

药材名：光叶桦

Betula luminifera H. Winkl.

【分布】分布于我国中南及华中地区。

【特征】乔木，高达25 m。树皮淡黄褐色，老则呈暗黄灰色或红褐色，光滑不裂，有明显的皮孔。叶卵形至矩圆形，长5～12 cm，先端长尖，基部圆形、楔形或截形，边缘复锯齿之齿端长尖，上面几无毛，下面沿脉疏生毛，叶柄长1～2 cm，密生短柔毛和腺点。果序单生，长圆柱形，下垂，翅果倒卵形，膜质翅宽为果的2～3倍。

【药效与应用】树皮和根有清热利尿、除湿、消食、解毒功效，可治小便不利、水肿、食积停滞、乳痈红肿、风疹、黄疸等。

27. 紫茉莉科　Nyctaginaceae

叶子花（簕杜鹃、宝巾、三角梅）

药材名：叶子花

Bougainvillea glabra Choisy

【分布】原产于巴西。在我国南部均有栽培。

【特征】攀缘灌木。茎粗壮，有腋生直刺。叶互生，纸质，卵形或卵状披针形，先端渐尖，基部楔形，全缘，下面无毛或微生柔毛。花顶生，常3朵簇生苞片内，花梗与苞片的中脉合生；苞片3枚，叶状，暗红色或紫红色，椭圆形，全缘，纸质；萼绿圆管状，淡绿色，先端5齿裂。瘦果具5棱。花期冬春间。

【药效与应用】花可调和气血，用于治疗妇女赤白带下、月经不调。

28. 五桠果科（第伦桃科） Dilleniaceae

五桠果（第伦桃）

药材名：五桠果

Dillenia indica L.

【分布】在我国云南、海南、广东和东南亚地区有栽培。

【特征】常绿乔木，高20～30 m。叶倒卵形，长15～30 cm，先端渐尖，叶缘有锯齿，果球形，9～14 cm。

【药效与应用】叶中含环木菠萝烯酮、正-卅-烷醇桦木酸和β-谷甾醇。树皮和心材中含有桦木酸、白桦脂醇和β-谷甾醇。果实含有白桦脂醇，种子含有苷类、蛋白质、糖和游离氨基酸。根、树皮入药。味酸、涩，性平。具有收敛和解毒的功能，用于治疗痢疾。

锡叶藤

药材名：锡叶藤

Tetracera asiatica (Lour.) Hoogl.

【分布】生于我国广东、广西、云南等省区。

【特征】藤木。小枝粗糙，叶互生，革质，长圆状，椭圆形，长3～15 cm花白色，极香。

【药效与应用】藤、叶主含三萜类化合物，下列各化合物的含量以植物干重计：羽扇醇0.005 %～0.09 %，白桦脂醇0.01 %～0.15 %，桦木酸0.50 %～1.35 %和β-谷甾醇0.001 %～0.03 %。味苦、性凉。用于治疗肠炎、痢疾和跌打等。

29. 山茶科 Theaceae

油茶（茶树）

药材名：茶油

Camellia oleifera Abel

【分布】在我国长江流域及以南各省区均有广泛人工栽培。

【特征】常绿小乔木，高达7 m。叶椭圆形，长3～9 cm，锯齿整齐。花白色，10月开花。蒴果球形，直径3～5 cm。

【药效与应用】叶含茶氨酸、甲酰胺。花瓣、花托、花蕊、子房等均含槲皮素、杨梅树皮素、山柰酚的糖苷、芸香苷等。种子含脂肪油（为油酸、亚油酸等的甘油酯）与皂苷。种子经榨去脂肪油后的渣含皂苷、鞣质、生物碱。①种子：味苦，性平，有毒。有行气疏滞的功效，用于治疗气滞腹痛泄泻。②种子的脂肪油（茶油）：味甘，性凉。有清热化湿、杀虫解毒的功效，用于治疗痧气腹痛、急性蛔虫阻隔塞性肠梗阻、疥癣和汤火伤。③茶子饼（种子经榨去脂肪油后的渣）：味辛、苦、涩，有小毒。具有燥湿、杀虫的功效，用于治疗阴囊湿疹、跌打损伤。④花（茶子木花）：味苦，性寒，微毒。具有凉血、止血功效，用于治疗胃肠出血、咳血、鼻衄、肠风下血、子宫出血；外治烫伤。

茶（茶叶）

药材名：茶

Camellia sinensis (L.) O. Kuntze

【分布】产于我国南部山地，现长江流域及以南各省、区和陕西广泛栽培。

【特征】常绿小乔木，高达6 m。栽培通常呈丛生灌木状，叶长，椭圆形，长4～10 cm。花小白色。花期9～10月。

【药效与应用】根含半乳糖，新鲜根含水苏糖、棉子糖、蔗糖、葡萄糖、果糖等，并含有少量多酚化合物（黄烷醇等）。茎含黄烷醇及多量L-表儿茶精。叶的挥发油中发现有芳樟醇氧化物。叶含甘露、山梨糖醇、甘油和糖、儿茶酸。叶、根入药。芽叶：味甘苦，性凉。有清火去疾、除烦渴、化痰、消食、利尿、解毒的功效，用于头痛、目昏、多睡善寐、心烦口渴、食积痰滞、疟、痢。根：味苦，性平。治心脏病、口疮、牛皮癣。烂茶叶（泡过的残茶）：用于治疗无名肿毒、犬咬及火烧成疮。经霜老茶叶：治羊癫风。雨前茶：味甘，性寒。有清咽喉、明目、补元气、益心神、通七窍、消宿食、下气去噫气、清六经火的功能。

米碎花（岗茶）

药材名：米碎花

Eurya chinensis R. Br.

【分布】生于山坡路旁。分布于我国广东、广西、云南、江西等地。

【特征】灌木，高1～3 m。嫩枝略有棱，被黄褐色短柔毛。叶小，倒卵形，先端钝，略尖或圆，基部楔形，边缘密生细锯齿。花白色，具短柄；雄花2～4朵腋生，苞片细小，2枚；萼片卵圆形，无毛；花瓣倒卵形；雄蕊15；雌花1～4朵腋生，萼片卵形，无毛；花瓣卵形，子房无毛，花柱3浅裂。浆果球形。花期4月。

【药效与应用】茎、叶、根入药。味微苦，性凉。具清热解毒、治脓疱疮之功效。煎服12～15 g，用于预防流行性感冒。米碎花25 g，配金银花藤15 g，煎服和煎水外洗，可治疗脓疱疮。

木荷（荷木）

药材名：木荷

Schima superba Gardn. et Champ.

【分布】生于山谷林中。产于我国江苏、安徽、浙江、江西、福建、台湾等省，广布于华中及华南等地。

【特征】常绿乔木，高达30 m。枝暗褐色，被白色长柔毛。冬芽卵状圆锥形。单叶互生。厚革质，卵状椭圆形，长7～12 cm，边缘具钝齿或波状，两面无毛。花白色，芳香，生于枝顶叶腋，常多花排列呈总状花序，花梗粗壮，长1～2.5 cm，无毛。蒴果扁球形，栗褐色，开裂。种子扁，周围具翅。花期5～7月，果期9～10月。

【药效与应用】根皮有攻毒、消肿的功效，用于治疗疔疮、无名肿毒。叶有解毒疗疮的功效，用于治疗臁疮、疮毒。木荷有大毒，不宜内服。木荷树皮与皮肤接触，皮肤可出现红肿、发痒等不良反应。皮肤过敏者慎用。

滇山茶（南山茶）

药材名：滇山茶

Camellia reticulata Lindl.

【分布】生于我国云南省，栽培品种繁多。

【特征】常绿灌木或小乔木，高可达10～15 m。叶较大，含无色花色素，椭圆形或卵状披针形，长7～17 cm，锯齿细尖。花大，直径10～18 cm，花期长。

【药效与应用】花、叶入药。味甘，微辛。有消肿功效。主治大肠下血、肺中瘀血和吐血等。

山茶（茶花）

药材名：山茶

Camellia japonica L.

【分布】我国长江流域及以南各地均有分布，多属栽培。

【特征】常绿乔木或灌木，高可达15 m。树干灰褐色。叶互生，卵形至椭圆形，边有锯齿，革质，有光泽。

【药效与应用】叶含咖啡碱和多酚、L-表儿茶精、d-儿茶精。叶和花中含可可碱。花含无色花色苷、花色苷及山茶三萜烯二醇等。果实含脂肪油及山茶皂苷，山茶皂苷水解后可得山茶皂苷元A、B、C等。

花、叶、根、种子入药。花：味甘、苦、辛，性凉。有散瘀、消肿、凉血、止血的功效，用于治疗跌打、烫伤、血痢、肠风下血、血崩、血淋、鼻衄、吐血等血症。

厚皮香

药材名：厚皮香

Ternstroemia gymnanthera (Wight et Arn.)

【分布】生于我国江西、福建、湖北、湖南、广东、广西、贵州、云南等省区。

【特征】常绿灌木或小乔木，高3～8 m。近轮状分枝，单叶互生，倒卵状椭圆形，长5～10 cm，叶柄短而红色，常集生枝端。花小，淡黄色，浓香，7月开花。果肉质，球形，红色。种子含脂肪油。

【药效与应用】叶、花、果入药。味苦，性凉，有止痛消炎功效。捣烂外敷治大疮、痈疡、乳腺炎；花揉烂搽癣，可止痒痛。花、果有小毒。

金花茶（黄花茶）

药材名：金花茶

Camellia petelotii (Merr.) Sealy

【分布】生于山谷林下。分布于我国广西的南宁和防城。

【特征】灌木。叶片厚革质，长圆形，侧脉7～9对，稍下陷，下面无毛。花金黄色，腋生；苞片5片，散生，宿存；萼片5片；花瓣8～12片，近圆形，边缘有睫毛；花丝基部合生成短管；子房3室，无毛；花柱3条。蒴果扁三角球形。花期11～12月，果期次年10～11月。

【药效与应用】叶和花入药。叶：味微苦、涩，性平。有清热解毒、利尿消肿功效，主治咽喉炎、痢疾、肾炎、水肿、黄疸型肝炎、肝硬化腹水、高血压病、疮疡等。花：味甘、淡，性平。有提神醒脑、收敛止血功效，主治精神困倦、便血、月经过多等。

30. 杨梅科 Myricaceae

杨梅（山杨梅、树梅）

药材名：杨梅

Myrica rubra (Lour.) Sieb. et Zucc.

【分布】在我国分布于江苏、浙江、台湾、福建、江西、湖南、贵州、四川、云南、广西、广东等地。日本、朝鲜和菲律宾也有分布。

【特征】常绿乔木，树冠球形，高12～15 m。单叶互生，长6～11 cm。花单性异株，雄花序紫红色，核果球形，深红色，被乳头状突起。花期4月，果期6～7月。

【药效与应用】根皮含杨梅树皮素；叶含挥发油0.02%～0.03%、鞣质12.6%以及蒲公英赛醇；果实含糖3%～10%，有机酸0.5%～10%；蜡质，微量杨梅树皮苷。杨梅树皮、根皮水煎液对痢疾杆菌、大肠杆菌、葡萄球菌等均有抑菌作用，杨梅树皮苷及杨梅树皮素直接作用肾脏，具有兴奋心脏、间接发挥强利尿作用，有与路丁相同的抗血管渗透作用。①根、树皮：味苦，性温。具有散瘀、止血、止痛的功效，用于治疗跌打损伤、骨折、痢疾、胃及十二指肠溃疡、牙痛；外用治创伤出血、烧烫伤。民间也有将树皮烧灰调油，治烫火伤。②果实：味甘酸、性温。有化痰、消食、止呕吐的功效，用于治疗胃痛及痢疾。

31. 猕猴桃科 Actinidiaceae

中华猕猴桃（甜梨、藤梨）

药材名：猕猴桃

Actinidia chinensis Planch.

【分布】生于山坡林中或灌丛中。产于我国江苏、安徽、浙江、江西、福建等省，广布于长江流域以南及西南多省区。

【特征】大型落叶木质藤本。幼枝被灰白色绒毛、褐色长硬毛或锈色硬刺毛，髓心白色至淡褐色，片层状。芽鳞密被褐色绒毛。单叶互生，宽倒卵形或圆形，长6～17cm，边缘有芒状细齿，下面密被灰白色或淡褐色星状毛。聚伞花序1～3，花初时白色，后变成橙黄色。浆果近球形或椭圆形，密被黄褐色绒毛，并具深褐色斑点，宿存花萼反曲。花期4～5月，果期8～10月。

【药效与应用】果有调理中气、生津润燥、解热除烦、通淋的功效，用于治疗烦热、消渴、消化不良、食欲不振、呕吐、黄疸、石淋、痔疮、火烫伤。根和根皮有清热解毒、活血消肿、祛风利湿、利尿的功效，用于治疗风湿性关节炎、跌打损伤、丝虫病、肝炎、痢疾、淋巴结核、痈疖肿毒、胃肠道肿瘤及乳腺癌、水肿。茎中的汁用于石淋、胃闭。叶可用于烫伤、杀虫等。

32. 藤黄科 Clusiaceae

多花山竹子（山竹子、木竹子、竹橘）

药材名：山竹子

Garcinia multiflora Champ.

【分布】生于山地、丘陵阔叶林中。分布于我国广东、广西、云南、江西、福建、台湾等地。

【特征】灌木或乔木，高3～12 m。树皮灰白色，枝上常有叶痕。叶对生，具短柄。厚革质；叶片卵状长圆形或倒卵状长圆形，先端短渐尖或急尖，基部楔形，全缘，背卷。花单生或多朵组成聚伞花序再排成总状或圆锥花序，顶生或腋生；花橙黄色，大部为两性，浆果近球形，青黄色。花期5月。

【药效与应用】树皮和果可消炎止痛、收敛生肌，用于治疗烧伤、烫伤、湿疹、口腔炎、牙周炎和痈疮溃烂。外用，树皮或果核研末撒患处，或用果油涂患处。①单味煎水含漱，治牙龈肿痛和口腔炎；②研末撒患处或用茶油调涂患处，治疗痈疮溃烂和烧伤。

铁力木（铁栗木）

药材名：铁力木

Mesua ferrea L.

【分布】生于海拔450～1 300 m的河谷坡地或山坡林中。分布于我国云南、广东、广西等省区。

【特征】常绿乔木。叶下垂，上面暗绿色，下面被白粉。花两性，顶生或腋生；萼片4片，圆形，内凹；花瓣4片，白色，倒卵状楔形，雄蕊极多数，分离，花药长圆形，金黄色，花丝丝状；子房圆锥形。果卵球形或扁球形，顶端花柱宿存，通常2瓣裂。花期3～5月，果期8～10月。

【药效与应用】味苦，性凉。有止咳祛痰，解毒消肿功效，主治感冒、咳嗽多痰、痔血、疮疡疖肿、烫伤及毒蛇咬伤。

33. 椴树科　Tiliaceae

破布叶（破布木）

药材名：布渣叶

Microcos paniculata L.

【分布】生于我国广东、广西及云南等省区。

【特征】灌木或小乔木。树皮灰黑色。单叶互生，纸质，卵形或卵状长圆形，顶端渐尖，基生三出脉，网脉很明显，叶柄粗壮长；托叶线状披针形，长约为叶柄之半。圆锥花序顶生或生于上部叶腋内，核果近球形或倒卵状圆球形，黑褐色。

【药效与应用】叶入药。味甘，性平。具有清热解毒、消食的功效，用于治疗感冒、消化不良、腹胀、黄疸和蜈蚣咬伤。可清肺化痰、除诸热、导积滞、清热利湿、解毒止痒，治肺风痰喘、偏正头风、疗疮疗肿。

扁担杆

药材名：扁担木

Grewia biloba G. Don

【分布】生于山坡路边灌丛中。产于我国安徽、江苏、江西、福建、台湾等地，分布于河北、湖南、广东、香港、四川、云南等地。

【特征】落叶灌木或小乔木，高1～4 m。分枝多，嫩枝被星状毛。单叶互生，菱状卵形或椭圆形，长4～9 cm，边缘具细锯齿，两面疏被星状柔毛，基生三出脉。聚伞花序腋生，具多花，花瓣5枚，黄绿色，萼片长于花瓣，外面被毛，内面无毛。核果橙红色，有2～4个分核。花期5～7月，果期9月。

【药效与应用】全株入药。有健脾益气、祛风除湿、固精止带的功效，用于治疗脾虚食少、久泻脱肛、小儿疳积、蛔虫病、风湿痹痛、遗精、崩漏、带下、子宫脱垂等。

34. 梧桐科　Sterculiaceae

假苹婆（鸡冠木、赛苹婆）

药材名：假苹婆

Sterculia lanceolata Cav.

【分布】生长于我国广东、广西、云南、贵州、四川等省区。原产于我国华南、西南和中南半岛，现在缅甸、泰国、越南和老挝也有分布。

【特征】乔木，高2～7 m。叶近革质，椭圆状矩圆形或披针形，长8～20 cm，宽3.5～8 cm，无毛或近无毛，侧脉约11对；叶柄长1.5～3.5 cm。圆锥花序腋生，通常比叶短。花杂性，无花冠；萼粉红色，5裂近基部，裂片披针形，长4～6 mm；雄蕊10；子房近球形，具短柄，密生微柔毛。种子2～7，黑色，椭圆球形。

【药效与应用】味辛，性温。叶：有散瘀止痛功效，可治跌打损伤、瘀血疼痛。树皮：有化浊止带功效，可治带下、淋浊。

苹婆（九层皮）

药材名：凤眼果

Sterculia nobililis Smith.

【分布】野生于山坡林内或灌丛中，亦有栽培。产于我国广东、广西、贵州等地。

【特征】乔木，高10 m。树皮褐色。叶纸质，阔矩形至矩圆状椭圆形，长8～25 cm，宽5～15 cm，先端渐尖或钝，基部钝，秃净；叶柄长2.5～5 cm。圆锥花序下垂，花杂性，无花冠；5裂，裂片三角状条形，雄蕊柱柔弱，弯曲；雌花少数，子房有毛，具柄，5裂，花柱弯曲。蓇葖果革质。种子1～5，椭圆球形，暗栗色。花期5月，果期6～7月。

【药效与应用】种子、果壳入药。果味甘，性温。具有温胃、杀虫之功效，可治虫积腹痛、翻胃吐食、疝痛。煎服或研末为散服。外用适量，煅存性研末调搽。①凤眼果、牵牛子各7枚煎服，治腹中蛔虫上攻、心下大痛欲死、面有白斑；②凤眼果7枚，煅存性，酒调服，可治翻胃吐食、食下即出，或朝食暮吐，暮食朝吐；③凤眼果7枚，酒煎服，可治疝痛。

翻白叶（半枫荷）

药材名：半枫荷

Pterospermum heterophyllum Hance

【分布】生长于我国广东、广西、福建、台湾等省区。

【特征】常绿乔木，高可达20 m。树皮灰色或灰褐色，小枝被红色或黄色短柔毛。叶异型，革质，幼树或萌蘖枝上的叶为盾形，掌状3～5深裂；成年树的叶为长圆形至卵状长圆形；顶端钝或渐尖，基部钝形、截形或斜心形，下面密被黄褐色绒毛。托叶线状长圆形。花单生或2～4朵组成腋生的聚伞花序；蒴果木质，长圆状卵形，密被褐色绒毛。种子具膜质长翅。

【药效与应用】叶、根入药。味甘、淡，性微温。具有祛风除湿、活血消肿功效，用于治疗风湿痹肿、腰肌劳损、手足麻无力和跌打损伤。

梧桐（梧桐树）

药材名：梧桐

Firmiana simplex (L.) F. W. Wight

【分布】常见为栽培。北至我国河北，南至广东、云南都有分布。

【特征】落叶乔木，高15～20 m。枝皮绿色，光滑，单叶互生，掌状3～5裂，长15～20 cm。花单性同株，顶生圆锥花序，蓇果，种子着生心皮的裂缘。

【药效与应用】叶含甜茶碱、胆碱、β-香树脂醇、β-香树脂醇乙酸酯、β-谷甾醇、三十一烷及芸香苷0.15%。皮含水分40.63%、灰分2.69%、粗蛋白质4.16%、粗脂肪2.47%、粗纤维25.14%、戊聚糖和戊糖6.61%。另外尚含二十八醇、羽酮和少量蔗糖。树皮中含有槲皮素，黏液质中含半乳糖、戊聚糖、糖醛酸、蛋白质。种子含脂肪。树皮（内层皮）叶、花、种子入药。①种子：味甘，性平。用于治疗小儿口疮、鹅口疮；可捣汁涂白发并供食用，有兴奋作用。《本草从新》载：有顺气、和胃、消食功效，用于治疗伤食、胃痛、疝气。②花：有清热解毒功效，用于癞头疮、烫火伤。③叶：新落叶的叶片煎饮可催生；煮叶可熏治白带，叶灸焦研末调蜜敷发背。④茎：用于治疗风湿、跌打、疳积、脱肛和痔疮等。

胖大海（通大海、胡大海）

药材名：胖大海

Sterculia lychnophora Hance

【分布】生于热带地区。近年在我国广东、海南及广西等省区有少量引种。

【特征】落叶乔木，高30～40 m。树皮粗糙有细条纹。单叶互生，叶片革质，卵圆或椭圆状披针形，长10～20 cm，宽6～14 cm，3裂，中裂片较长，两侧裂片的长约为中裂片的1/2或稍长，先端或锐尖，基部圆形。圆锥花序顶生或腋生，花杂性同株；花萼钟状，蓇葖果1～5个，着生于果梗上，长18～24 cm，呈现小舟状，成熟时开裂，花期3月，果期4～6月。

【药效与应用】种皮含活性成分胖大海素，胚乳含挥发油、黄蓍胶粘素等，种子含水溶性多糖、多种脂肪酸及2，4-二羟基苯甲酸、β-谷甾醇和胡萝卜苷等。浸出液对兔有缓泻作用，服后促进肠蠕动而通便；种仁煎液有降血压作用；对流感病毒PR6株有较强的抑制作用；此外，尚有抗菌作用。具有一定毒性。种子入药。2～3枚沸水泡服或煎服。用于治疗肺热声哑、干咳无痰、咽喉干痛、热结便闭和头痛目赤。

山芝麻（山油麻）

药材名：山芝蔴

Helictercs angustifolia L.

【分布】生于荒山、丘陵、荒坡、路边。分布于我国南部各地。

【特征】小灌木，高约1 m。小枝密被灰黄色短柔毛。叶互生；叶片线状披针形或长圆状条形，先端钝或短尖，基部圆形；三出脉；上表面无毛，下面密被灰白色或淡黄点星状柔毛。短花序梗自叶腋长出，花梗短，基部有窄尖苞片；花萼管状，被毛；花瓣5，浅紫色；雄蕊柱与雌蕊柄合生而呈柱状。蒴果卵状矩圆形，略似芝麻果实，密被星状绒毛，熟后5裂。花期6～7月，果期11～12月。

【药效与应用】味苦，性寒，有小毒。具有清热泻火、清肺止咳、解毒疗疮的功效。治感冒发热、头痛、口渴、痄腮、麻疹、痢疾、肠炎、痈肿、瘰疬、疮毒、湿疹、痔疮。全株入药。①根单味煎服，治痢疾、肠炎腹泻；酌加黄酒煎服，治风湿痛，睾丸炎、淋巴结核、乳痈；加冰糖煎服，治肺痨咳嗽。②鲜叶捣敷，治痈疽肿毒、痄腮。③配古羊藤根、两面针，治外感痧气、黄疸、热疟。

家麻树（千层皮）

药材名：家麻树

Sterculia pexa Pierre

【分布】生于阳光充足的干旱坡地，也人工栽培于村边或路旁。分布于我国云南和广西等地。

【特征】乔木。叶为掌状复叶，有小叶7～9片；叶的侧脉密而明显。总状花序或圆锥花序集生于小枝顶端；花萼白色，钟状，5裂，裂片与萼筒等长或略短，向内弯曲；雄花的雌雄蕊柄无毛，花药10～20个集生成头状；雌花的子房5室，花柱柱头5裂。蓇葖果红褐色，矩圆状椭圆形并略呈镰刀形。花期10月。

【药效与应用】树皮入药。味苦，性平。有续筋接骨、活血止痛功效，主治筋伤骨折、跌打肿痛等。

35. 木棉科 Bombacaceae

木棉

药材名：木棉花

Bombax malabaricum DC.

【分布】多见于河谷地区，也有栽培的。分布于我国广西、广东、四川南部、云南、福建、台湾。

【特征】落叶（半落叶）大乔木，高40 m。树干均具粗短的圆锥形大刺，掌状复叶互生，小叶5～7，长椭圆形，长10～20 cm。花大红色，聚生枝端，春天前开放。蒴果大，木质，内有棉花。

【药效与应用】花萼含水分85.66%、蛋白质1.38%、碳水化合物11.95%、灰分1.09%。树脂含大量儿茶酚、鞣酸、L-阿拉伯糖醛酸及少量鼠李糖。根含蛋白质、脂类、鞣质、糖（阿拉伯糖和半乳糖）、淀粉、胶质等。花（木棉花）：味甘，性凉有清热、利湿、解毒、止血的功效。用于治疗泄泻、痢疾、血崩、疮毒、金疮出血。根：味甘，性凉，有清热利湿、收敛止血的功效。用于治疗慢性胃炎、胃溃疡、产后浮肿、赤痢、瘰疬、跌打扭伤。树皮（木棉皮）：味辛，性平，有清热利湿、活血、消肿功效。用于治疗慢性胃炎、胃溃疡、泄泻、痢疾、腰脚不遂、腿膝疼痛、疮肿、跌打损伤。叶：外用治皮肤病。树胶及幼根：有收敛止血功效。用于治疗痢疾、菌痢和月经量过多。

榴莲

药材名：榴莲

Durio zibethinus Murr.

【分布】原产于印度尼西亚，盛产于泰国、越南。在我国台湾、广东、云南等地有少量引进栽培。

【特征】常绿乔木，高10～20 m。叶长椭圆形，果大。

【药效与应用】果实香味成分有硫化氢、乙基氢化二硫化物以及几种二烷基硫化物。果实（包括果皮、果肉和种子）的脂肪酸成分有棕榈酸、花生酸、棕榈炔酸、硬脂酸、亚油酸、亚麻酸、苹婆酸、二氢化苹婆酸和锦葵酸。果实为强壮剂，根及叶为解热剂。叶入浴可治黄疸，果壳外用治疗皮肤病。

36. 锦葵科 Malvaceae

木芙蓉

药材名：木芙蓉

Hibiscus mutabilis L.

【分布】生于我国陕西、河南、江苏、安徽、浙江、江西、福建、湖北、湖南、广西、广东、四川、贵州、云南等省区。

【特征】落叶灌木或小乔木，高2～5 m。小枝密生绒毛。叶卵圆形，直径10～15 cm，掌状3～5裂，缘有浅钝齿，两面有星状绒毛。花大，单生枝端，上午初开放时粉红色，下午渐变或紫红色。花期9～10月。

【药效与应用】茎含新黄烷酮苷、蒲公英赛醇乙酸酯及β-谷甾醇；花含黄酮苷和花色苷。花、叶、根：味微辛，性平，有清热解毒、消肿排脓、清肺凉血、散瘀止血的功效。花、叶用于治疗肺热咳嗽、久咳吐血、月经过多、白带、痈肿疮疖、乳腺炎、腮腺炎、烧烫伤、毒蛇咬伤、跌打损伤。根治火眼症、无名肿毒。鲜根治红白痢疾。

大红花

药材名：扶桑

Hibiscus rosa-sinensis L.

【分布】生于我国广东、广西、福建、台湾、四川、贵州、云南等省区，其他省亦可在温室栽培。

【特征】常绿灌木，高达6 m。叶广卵形，长4～9 cm，缘有粗齿，表面有光泽。花冠鲜红色，雄蕊超出花冠外。夏季开花。

【药效与应用】叶和茎含蒲公英赛醇乙醇酯及β-谷甾醇。花瓣含槲皮素、山柰酚、棉花素、矢车菊素3，5-二葡萄糖苷、矢车菊素-3-槐糖基-3-葡萄糖苷。此外尚含有芹苷元定和天竺葵定。花、叶、根入药。花：味淡，性平，有清肺化痰、凉血、解毒的功效。用于治疗痰火咳嗽、痢疾、痈肿、毒疮。叶：味甘，性平。鲜用外敷治疗痈肿、毒疮。根：味涩，性平。用于治疗月经不调、白带、支气管炎、腮腺炎、尿路感染等。

木槿

药材名：木槿、木槿皮、木槿花

Hibiscus syriacus L.

【分布】在我国南部地区有野生，全国各省均有栽培。

【特征】落叶灌木或小乔木，高2～6 m。幼枝具柔毛，叶卵形，长3～6 cm。常3裂，缘具粗齿或缺刻，光滑无毛，花单生，通常紫色，朝开晚谢。花期7～10月。

【药效与应用】花、叶、根入药。根皮含鞣质及黏液。在芽、叶、花中含多种胡萝卜素，并含异牡荆素、皂苷及多量黏液质。种子含锦葵酸、苹婆酸、二氢苹婆酸。具有清肺化痰、除诸热、导积滞、清热利湿、解毒止痒之功效，治肺风痰喘、偏正头风，疗疮疗肿。

37. 大风子科 Flacourtiaceae

海南大风子（米糠加、青蓝木）

药材名：大风子

Hydnocarpus hainanensis (Merr.) Sleum.

【分布】分布于我国海南、广西等地。

【特征】乔木。叶纸质或薄革质，长圆形，顶端短急尖而钝头，基部楔形。总状花序腋生；雄花密集，椭圆形，花瓣肾状卵形；雌花花被与雄花的相似而略大；子房卵状椭圆形，密被黄色绒毛。浆果圆球形，直径4～5 cm，密被褐色绒毛，果皮革质；果柄粗壮。花期春末至夏季，果期秋季。

【药效与应用】成熟种子、种仁油入药。味辛，性热，有毒。具有祛风燥湿、攻毒杀虫的功效。主治麻风、杨梅疮、疥癣、酒糟鼻、痤疮。

柞木

药材名：柞木

Xylosma racemosum (Sieb. et Zucc.) Miq.

【分布】 生于丘陵、山地灌丛中或村落附近。产于我国安徽、江苏、江西、浙江、福建及台湾等地，广布于华中、华南及西南各省区。

【特征】 常绿灌木或小乔木，高2～10 m。枝条具腋生刺，刺长1～1.5 cm。单叶互生，革质，卵形或椭圆状卵形，长3～8 cm，有钝锯齿。花单性，雌雄异株，总状花序，腋生，长1～2 cm，被毛，无花瓣，萼片4～6片，淡黄色或黄绿色，雄蕊多数，花盘由多数腺体组成，位于雄蕊外围。浆果近球形，黑色，直径3～4 mm。花期5～7月，果期9～10月。

【药效与应用】 树皮、根、枝和叶入药。树皮有清热利湿、催产的功效，用于治疗湿热黄疸、瘰疬、梅疮溃烂、难产、死胎不下等。叶有清热燥湿、解毒、散瘀消肿的功效，用于治疗婴儿泄泻、痢疾、痈疖肿毒、跌打骨折、扭伤脱臼、死胎不下等。枝有催产的功效，用于治疗难产、胎死腹中。根有解毒、利湿、散瘀、催产的功效，用于治疗黄疸、痢疾、水肿、肺结核咯血、瘰疬、跌打肿痛、难产、死胎不下等。

大风子（麻风子）

药材名：大风子

Hydnocarpus anthelmintica Pierre ex Laness

【分布】生于东南亚地区。分布于我国云南地区，台湾、广西、海南等地有栽培。

【特征】常绿乔木。单叶互生，革质。叶片线状披针形，全缘。花杂性或单性，红色或粉红色。浆果球形，直径6～8 cm，果皮坚硬。种子30～40粒，略呈多角体，外种皮角质；胚乳丰富。花期1～3月。

【药效与应用】种子：具有祛风燥湿、攻毒杀虫的功效。可治麻风、疥癣和杨梅疮。①本品捣泥状涂之，治手背皲裂。②果肉800 g，防风、川芎各300 g，蝉蜕、羌活、细辛、首乌、独活、苦参、当归、牛膝、全蝎、黄芪、薄荷各100 g，白芷、狗脊、牛黄、血竭各15 g，研末、制丸，丸大如桐子。每次服15丸，空腹服，每日服3次，治麻风眉目和遍身秽烂。内服宜慎，阴虚血热者忌服。

38. 红木科 Bixaceae

红木（胭脂木）

药材名：红木

Bixa orellana L.

【分布】在南美洲及我国台湾、广东、广西、云南等地均有栽培。

【特征】常绿小乔木，高达7 m。小枝具褐色毛，单叶互生，卵形，长8～20 cm，先端长尖，背面密被红褐色小点。叶柄两端膨大，托叶痕凸起。花白色至淡红色。顶生圆锥花序。蒴果有软刺，红紫色。种子红色。

【药效与应用】叶含鞣花酸、花青素；果实含纯红木素、红木素；果壳含挥发油0.05%、树脂1%～1.65%、多量鞣质；果肉含有纤维素40%～45%、红木素4%～5%、糖3.5%～5.2%（糖中有2/5是蔗糖）、挥发油0.25%～0.85%、脂肪油0.2%～3.5%、皂苷、鞣质、少量生物碱；种子含淀粉、蛋白质、脂肪油5%；种皮含有一种驱虫的蜡状物质。另含挥发油0.8%～1.1%。树皮、种子入药。种子：味涩、辛，性温。具有收敛、退热的功效。

39. 番木瓜科 Caricaceae

番木瓜（木瓜）

药材名：番木瓜

Carica papaya L.

【分布】原产于美洲热带地区。我国福建、台湾、广东、广西、云南南部都有人工栽培。

【特征】软木质小乔木，高达8 m。有白色乳汁。茎具螺旋状排列的粗大叶痕。叶大，聚生茎顶，近圆形，直径可达60 cm，通常掌状7～9深裂，裂片再为羽状分裂；叶柄中空。花单性，雌雄异株。雄花乳黄色，萼绿色，花冠细管状，裂片5；雄蕊长短各5枚，子房退化。雌花单生或组成伞房花序，花瓣黄色或黄白色。果长圆形或近球形，成熟时橙黄色，长10～30 cm，果肉厚，内壁着生多数黑色种子，内种皮木质，具皱纹。

【药效与应用】果、叶入药。有助消化，通乳，消肿解毒，消食驱虫等功效。鲜果50～100 g，炖肉服，治湿热泻痢、胃脘痛；鲜叶适量，煎水外洗患处，治风痹，远年烂脚；鲜果绞汁服，驱蛔虫、绦虫、鞭虫。

40. 柽柳科 Tamaricaceae

柽柳

药材名：柽柳枝

Tamarix chinensis Lour.

【分布】生于平地或河滩及潮湿的盐碱地及海滩。产于我国山东，华东部地区为常见栽培植物，分布于我国东北、华北及北方等省区。

【特征】落叶小乔木或灌木，高2～5 m。嫩枝绿色，小枝红褐色或深棕色，有光泽，纤细，开展而下垂。叶钻形，长1～3 mm，鲜绿色，背面有龙骨状凸起，先端内弯，基部包茎。总状花序，花小，粉红色，直径约2 mm。每年开花2～3次，春季花侧生于上年生小枝，花序3～6 cm，下垂；夏季花生于当年生枝顶端，总状花序长3～5 cm，常组成圆锥花序，下垂。蒴果圆锥形，3瓣裂。种子细小。花期4～9月，果期5～10月。

【药效与应用】嫩枝叶入药。有疏风、解表、透疹、解毒的功效。用于治疗风热感冒、麻疹初起、疹出不透、风湿痹痛、皮肤瘙痒等。

41. 杨柳科　Saliaceae

毛白杨（白杨）

药材名：白毛杨

Populus tomentosa Carr.

【分布】分布于我国辽宁、华北、西北、华东等地。中国特产，可能是天然杂种。以黄河中下游为分布中心，南达长江下游。

【特征】树高达30 m，树干端直，树皮青白色，皮孔菱形。幼枝具灰白色毛。叶三角状卵形，长10～15 cm，缘有不整齐浅裂状齿，背面密被灰白色毛，后渐有脱落。材质较好，宜作行道树、防护林及材林树种。喜光，喜温凉气候及肥沃深厚而排水良好的土壤，抗烟尘及有毒气体；深根性，根际萌蘖性强，生长快，寿命较长。扦插较难生根，多用埋条法繁殖。

【药效与应用】树皮入药。树皮含皂苷、强心苷、黄酮苷、酚类、蛋白蛋、氨基酸。具有祛痰、治咳嗽痰喘的功效。用于治疗肺炎及支气管炎。

垂柳（柳树）

药材名：柳枝、柳白皮

Salix babylonica L.

【分布】我国各省区多见栽培。

【特征】落叶乔木，高18 m。枝条细长下垂，叶狭长披针形，长9～16 cm。

【药效与应用】木质部及叶均含水杨苷；茎皮、树枝含水杨苷0.12%～4%。根皮、须根、树皮、枝和叶：味苦，性寒，有清热解毒、祛风利湿的功效。根及树枝用于治疗风湿骨痛、风肿瘙痒、黄疸、淋浊乳痛、牙痛、汤火烫伤。须根用于治疗风湿拘挛、筋骨疼痛、湿热带下及牙龈肿痛。叶用于治疗慢性气管炎、尿道炎诸症。外用可治关节肿痛、痢疾肿毒、皮肤瘙痒、灭蛆。树皮外用可治黄水疮。民间有用柳花入药，有祛风、利湿、止血、散瘀的功效。柳絮（带毛的种子）有止血和祛湿的作用。根、树皮、枝和叶入药。①垂柳叶水煎剂对金黄色葡萄球菌、伤寒杆菌、甲型副伤寒杆菌、福氏痢疾杆菌、肺炎球菌、绿脓杆菌、大肠杆菌均有较强的抑制作用；垂柳枝制剂对心缩力量有影响，又可增加冠脉的流量，小剂量柳皮制剂对兔的冠脉流量影响小，较大剂量时，有减少其流量的作用。②药用部分中所含水杨苷，在体内经水解、氧化等变成水杨酸，具有解热、镇痛等作用。大量服用会产生耳鸣、呕吐、头痛、眩晕。

42. 杜鹃花科（石南科） Ericaceae

兴安杜鹃（金达莱）

药材名：兴安杜鹃

Rhododendron dauricum L.

【分布】生于我国黑龙江、吉林、内蒙古等省区。在朝鲜、日本也有分布。

【特征】半常绿灌木，高1～2 m。小枝有鳞片和柔毛，叶近革质，卵状长椭圆形，长1.5～3.5 cm，两端钝，表面深绿色，背面淡绿色，密生鳞片。花宽漏斗形，长2 cm，直径2～3 cm，淡紫红色，也有粉红、白色，微香。叶前开花。

【药效与应用】叶中所含成分，黄酮类有杜鹃素、杜鹃乙素、金丝桃苷、二氢槲皮素；挥发油有大牻牛儿酮。叶入药：味苦，性温。有止咳、祛痰功效。可用于治疗急慢性支气管炎。

杜鹃（映山红、满山红）

药材名：杜鹃

Rhdodendron simsii Planch.

【分布】生于我国河南、湖北及长江以南各省区。

【特征】落叶或半常绿灌木，高2～3 m。枝叶及花梗均被黄褐色粗状毛。叶长椭圆形，长3～5cm，先端锐尖。花深红色，有紫斑，直径约4 cm，花2～6朵簇生枝端。花期4～6月。

【药效与应用】花中含矢车菊素3,5-二葡萄糖苷，锦葵花素3,5-双葡萄糖苷，杜鹃黄素3-鼠李糖葡萄糖苷。叶中含红花杜鹃甲和乙素、杜鹃花醇、熊果酸、梫木毒素及挥发油、香豆精。花、叶入药。叶：味酸，性平。具有清热、解毒、止血功效，用于治疗痈肿疔疮、外伤出血、荨麻疹。花、果：味酸、甘，性温。有和血、调经、祛风湿功效，用于治疗月经不调、闭经、崩漏、跌打损伤、风湿痛、吐血衄血。根：味酸、甘，性温。有和血、止血、祛风、止痛功效，用于治疗吐血、衄血、月经不调、崩漏、肠风下血、痢疾、风湿疼痛和跌打损伤等。

羊踯躅（黄杜鹃）

药材名：闹羊花

Rhododendron molle G. Don

【分布】生于山坡、灌丛或草丛中。分布于长江流域至南部各地。

【特征】落叶灌木，高1～2 m。老枝棕褐色，幼枝有柔毛及刚毛。叶纸质，常簇生枝顶，矩圆形或圆状披针形。伞形总状花序顶生，花可达9朵，几与叶同时开放；蒴果长椭圆形，具疏刚毛。花期4～5月，果期9～10月。

【药效与应用】4～5月花初开时采收，阴干或晒干。花含梫木毒素和石楠素，并分得羊踯躅素Ⅲ和日本杜鹃素Ⅲ。味辛，性温，有大毒。具祛风除湿、散瘀定痛的功效。花入药。用量0.6～1.5 g，浸酒或入丸散；外用适量，煎水洗或鲜品捣敷。用于治风湿痹痛、跌打损伤、皮肤顽癣。体虚者及孕妇忌用。有毒，中毒的症状恶心、呕吐、腹泻、血压下降、运作失调、呼吸困难，严重者因呼吸停止致死。须经医生许可方可使用。

43. 柿树科 Ebenaceae

柿（方柿、水柿）

药材名：柿蒂

Diospyros kaki Thunb.

【分布】我国各地均有种植。

【特征】落叶乔木，高达15 m。树皮灰黑色，呈鳞片状开裂，枝深棕色，具棕色皮孔及柔毛。单叶互生，叶片革质，椭圆形或椭圆状倒卵形，长6～18 cm，宽3～9 cm，先端短尖，基部阔楔形或近圆形，全缘。浆果卵圆形或扁球形，直径4～8 cm，高4～6 cm，橙黄色、红色或深黄色，基部宿存木质花萼。种子长圆形，两侧压扁。花期6月，果期9～10月。

【药效与应用】柿蒂（宿萼）：含三萜酸、黄酮类、甾醇、糖类等成分。柿蒂提取物对中枢有镇静作用，并能抗心律失常，主要用于治疗顽固性或术后呃逆、返流性胃炎等症。柿蒂、果实、叶、花、树皮、根入药。柿蒂5～10 g，丁香、人参等份，为细末，水煎，食后服。治呃逆（《洁古家珍》柿钱散）。

君迁子（黑枣）

药材名：君迁子

Diospyros lotus L.

【分布】生于山坡灌丛或杂木林中。产于我国山东、江苏、安徽、浙江、福建等地，广布于黄河流域以南至西南各省区。

【特征】落叶乔木，高10～15 m。树皮光滑不开裂。幼枝褐色或棕色，被短柔毛。叶椭圆形或长圆形，长6～13cm，全缘，下面粉绿色。密被短柔毛。花杂性，单生或簇生于叶腋，近无柄，花冠壶形，带红色或淡黄色。浆果肉质，近球形，蓝黑色，常被白色蜡层，宿存萼片卵形，果梗粗短，无毛。花期5～6月，果期10～11月。

【药效与应用】果实入药。有止渴、清热、健胃等功效。用于治疗烦热、消渴等。

老鸦柿（土柿）

药材名：老鸦柿

Diospyros rhombifolia Hemsl.

【分布】生于向阳山坡地灌丛或路边林缘。产于我国江苏、安徽、浙江、福建、江西及台湾，分布于华中等地。

【特征】落叶灌木，高约4 m。树皮褐色，多分枝，有刺，被柔毛。叶倒卵状菱形，长3～8 cm，全缘，上面仅脉上被短柔毛，下面被平伏柔毛。花单生于当年生枝的下部，花冠壶形，白色，花梗长约18 cm，结果时伸长至2.5 cm；花萼4深裂，裂片披针形，有直脉纹。浆果卵圆形，有柔毛，橘红色，有光泽，宿存萼片的裂片长达2 cm。花期5～6月，果期7～10月。

【药效与应用】根和枝入药。有清热、利胆、凉血、活血的功效。用于治疗急性黄疸型病毒性肝炎和跌打损伤等。

44. 野茉莉科（安息香科） Styracaceae

野茉莉

药材名：野茉莉

Styrax japonicus Sieb. et Zucc.

【分布】生于山坡、山谷林中。产于山东、江苏、安徽、浙江及福建，广布于我国秦岭至黄河一线以南及西南等省区。

【特征】落叶灌木或小乔木，高约10 m。叶椭圆形或卵状椭圆形，长2.5～10 cm，全缘或中部以上有疏生浅锯齿，上面沿脉疏生星状毛，下面脉腋被白色长髯毛。总状花序顶生，花白色，花梗纤细，下垂，长2.5～3.5 cm，无毛，花萼膜质，无毛，花冠裂片两面均被星状细毛。核果近球形，密被灰色星状绒毛。花期4～5月，果期8～9月。

【药效与应用】花、叶和果实入药。花有清热、止痛的功效。用于治疗喉痛、牙痛等；虫瘿内白粉、叶及果实共研外用，可祛风除湿；叶和果实有祛风除湿、舒筋通络的功效，用于治疗风湿痹痛、瘫痪等。

45. 紫金牛科 Myrsinaceae

红毛紫金牛（红毛走马胎）

药材名：红毛毡

Ardisia mamillata Hance

【分布】生于山坡密林下和水旁，耐阴好湿。分布于我国南部及西南部各地。

【特征】常绿矮小亚灌木。根状茎粗长柱状，横走，常弯曲。外皮红互生，叶柄被毛；叶片椭圆形或倒卵形，先端钝，基部渐窄缩呈楔形，常稍偏疏，具多数突起的黑色小腺点，侧脉不明显。夏季开粉红色小花，4～10朵呈顶生或腋生伞形花序，核果球形，红色，被糙毛，有宿存花萼和花柱。

【药效与应用】全株入药。味苦、微辛，性凉。夏、秋季采收、洗净、晒干。可治疗痢疾、肝炎、胆囊炎、风湿、跌打劳伤、咳血、吐血、妇女痛经、血崩、小儿疳积、疮疖痈肿疼痛等。孕妇忌服。

酸藤果

药材名：酸藤果

Embelia laeta (L.) Mez

【分布】生于山坡灌木丛及山地疏林中向阳之处。分布于我国南部各地。

【特征】藤状灌木或藤本。枝灰色或褐红色，秃净。单叶互生；纸质；倒卵形至狭矩圆形，长3～6 cm，宽1～2 cm，先端钝或浑圆，基部楔尖，全缘，两面秃净；叶柄长约5 mm。花单性异株；稠密的总状花序腋生或侧生；花序长5～10 cm，有花3～8朵；花柄长约2 mm，萼片4裂，花瓣4片，白色，雄蕊4枚，子房在雄花中退化。浆果球形，直径约5 mm，熟时暗红色。花期春季。

【药效与应用】果实：味酸、甘，性平，具强壮补血，治胃酸缺乏、食欲不振等。枝叶：味酸、涩，性平，有消炎杀菌、散瘀止痛、清热解毒、收敛止泻的功效，治咽喉肿痛、齿龈出血、脾虚泄泻、跌打瘀痛、痔疮等。

朱砂根（大罗伞）

药材名：朱砂根

Ardisia crenata Sims

【分布】生于山地林下、沟边、路旁。分布于广东、广西、四川、福建等地。

【特征】灌木。叶厚纸质至革质，椭圆状披针形至倒披针形，先端短尖或渐尖，基部短尖或楔尖，两面均秃净，有隆起的黑色腺点，边缘有钝圆波状齿，剪子、背卷，有腺体；伞形花序顶生或腋生，花白色或淡红色；核果球形，熟时红色，有黑色斑点。花期6～7月。

【药效与应用】根、叶、果入药。具有清热解毒、化瘀止痛功效。用于治疗上呼吸道感染、扁桃体炎、急性咽炎、白喉、丹毒、淋巴结、劳伤吐血、心胃气痛、风湿骨痛、跌打损伤。

紫金牛

药材名：矮地茶

Ardisia japonica (Thunb.) Bl.

【分布】产于我国江苏、安徽、江西、浙江、福建、台湾，广布于长江流域以南及西南各省区。

【特征】常绿小灌木或亚灌木。具匍匐状根茎，直立，茎长20～30 cm，不分枝，幼时被毛。叶椭圆形或椭圆状倒卵形，长3～8 cm，具锯齿，两面无毛或下面中脉上被毛。花序近伞形，生于近顶端叶腋，有花2～5朵，总花梗长5～7 cm，花梗长约1 cm，常下弯，花粉红色或白色，具蜜腺点。核果近球形，鲜红色。花期5～6月，果期9～11月。

【药效与应用】全株入药。有活血、化痰止咳、利湿的功效。用于治疗肺结核、咯血、咳嗽、慢性支气管炎、跌打损伤、黄疸肝炎、睾丸炎、白带异常、闭经、尿路感染等。

走马胎（走马风）

药材名：走马胎

Ardisia gigantifolia Stapf

【分布】生于海拔1 300 m以下的山间沟谷疏和密林下。分布于我国云南、广西和广东等省区。

【特征】灌木。叶片膜质。叶缘具啮蚀状细齿，两面无毛，具疏腺点。大型金字塔状或总状圆锥花序，具亚伞形花序约20个以上，每个亚伞形花序有花9～15朵或略多；萼片被柔毛，具腺点；花瓣白色或粉红色，卵形，具疏腺点。果球形。花期2～6月，果期6～12月。

【药效与应用】根茎、叶入药。根茎：味辛，性温，有祛风湿、壮筋骨、活血祛瘀功效。用于治疗风湿、筋骨疼痛、跌打损伤、产后血瘀等。叶：味淡，性平，有补血、调经功效。用于治疗血虚头晕头痛、月经不调、崩漏带下等。

百两金（竹叶胎）

药材名：百两金

Ardisia crispa (Thunb.) DC.

【分布】生于山坡、山谷阔叶林下及阴湿处。产于我国安徽、浙江、台湾、福建和江西等地，广布于长江流域以南及西南各省区。

【特征】常绿灌木，高0.3～1 m。具匍匐状根茎。叶狭长圆状披针形或椭圆状披针形，长6～14 cm，全缘或略呈波状，具显明的边缘腺点，两面无毛，下面具疏黑色腺点。花序近伞形，着生于侧生花枝的顶端；花枝长5～10 cm，常无叶，花白色或带粉红。核果近球形，鲜红色，具稀疏腺点。花期5～6月，果期10～12月。

【药效与应用】根和叶入药。有清热利咽、祛痰利湿、活血解毒的功效。用于治疗咽喉肿痛、咳嗽咯痰不畅、湿热黄疸、小便淋痛、风湿痹痛、跌打损伤、疔疮、无名肿毒、蛇咬伤。

46. 海桐科 Pittosporaceae

海桐（光叶海桐、一朵云）

药材名：海桐

Pittosporum glabratum Lindl.

【分布】在我国长江以南各地普遍栽培。

【特征】常绿小乔木。上部枝条有时轮生，全体无毛。单叶互生；叶片倒卵状长椭圆形及倒披针形，两面光滑，边缘略呈波状。花黄色，生于小枝顶端呈伞房花序；蒴果，卵形或椭圆形，3瓣裂；种子深红色。花期4月，果熟期9月。

【药效与应用】种子、叶、根入药。①种子：味苦、涩，性平，具清热、生津止渴的功效。治虚热心烦、口渴咽痛、泻痢后重。煎服15～25 g或研末服。②根：味甘、苦、辛，性微温，具有祛风除湿、活血通络和解毒消肿的功效。可治虚喘咳、遗精早泄、高血压、风湿性关节痛、小儿瘫痪；根配醉鱼草根、百合，炖猪蹄服，治多年哮喘。③叶捣敷或煎洗，治毒蛇咬伤、疮疖肿毒、过敏性皮炎和外伤出血。

47. 蔷薇科 Rosaceae

石斑木（车轮梅、春花木）

药材名：石斑木

Rhapniolepisindica (L.) Lindl.

【分布】生于山坡、灌丛中或路边林缘。产于我国安徽南部、浙江、福建和江西等地，广布于长江以南及西南各省区。

【特征】常绿灌木，高约4 m。幼枝初被褐色绒毛，后脱落。叶多集生于枝端，卵形或长圆形，长4～8 cm，基部狭楔形，下延至叶柄呈窄翅，具细钝齿，两面无毛，下面网脉明显。圆锥花序或总状花序顶生，总花梗和花梗密被锈色绒毛，花白色或淡红色。梨果近球形，成熟时紫黑色。花期4～5月，果期7～8月。

【药效与应用】根和叶入药。有活血消肿、凉血解毒的功效。用于治疗跌打损伤、创伤出血、骨髓炎和关节炎等。

金樱子（金樱果）

药材名：金樱子

Rosa laevigata Michx.

【分布】生于向阳的山坡上。分布于我国华中、华东、华南各地。

【特征】常绿攀缘灌木。茎红褐色，有倒钩状皮刺和刺毛。单数羽状复叶互生，小叶多为3，有时5；叶柄有棕色腺点及细刺；托叶条状披针形与叶柄分离，早落；叶片椭圆状卵形，革质，先端渐尖，基部阔楔形，边缘有锐尖锯齿，叶柄和叶轴具小皮刺和刺毛。花单生于侧枝顶端；萼片先端有时扩大呈叶状，被腺毛；花冠白色，芳香；花瓣5；雄蕊多数。蔷薇果黄红色，长倒卵形，外被刺毛，冠具宿萼。花期5月，果期9～10月。

【药效与应用】果实入药。味酸、涩、性平，具有固精缩尿、涩肠止泻的功效。治肾虚遗精、遗尿、带下、子宫脱垂及脾虚肠滑之久泻、久痢。

玫瑰

药材名：玫瑰花

Rosa rugosa Thunb.

【分布】生于低山丛中及沟谷中。主产于我国江苏、浙江、山东、安徽等地。

【特征】小灌木，高约2 m。茎直立，粗壮，丛生，多分枝，疏生皮刺，密被刺毛。单数羽状复叶互生，叶柄基部有长圆形托叶2，边缘有细锯齿；卵状椭圆形小叶5～9，边缘有锯齿。花单生或3～6朵聚生茎顶，花冠大，紫红色或白色。瘦果扁球形，红色，具宿萼。花期5～6月，果期8～9月。

【药效与应用】花含挥发油，油中主要成分有β-香茅醇等，此外，还含庚醛、香茅醛等。本品有抗病毒、抗肿瘤、促进大鼠胆汁分泌等作用；还有维生素P样作用；并可解除小鼠口服酒石酸锑钾的毒性反应，同时可使酒石酸锑钾抗血吸虫作用消失。采收加工：4～6月择晴天采摘花蕾或初开放的花，除去花柄及蒂，用文火迅速烘干或阴干。烘干宜将花摊成薄层，花冠向下，使其最先干燥，然后翻转再烘至干。花蕾入药。性甘、微苦，温，具有行气解郁、和血止痛的功效。用于治疗肝胃不和、胁痛脘闷、胃脘胀痛、月经不调、经前乳房胀痛、跌打损伤、瘀肿疼痛等。

高粱泡

药材名：高粱泡

Rubus lambertianus Ser.

【分布】生于山涧、路旁、沟旁及灌木丛中。分布于我国中部及南部各地。

【特征】常绿蔓生灌木。茎有棱，散生弯曲钩刺；小枝疏生细绒毛。单叶互生，卵形、阔卵形或长椭圆状卵形，长7.5～12 cm，宽5～13 cm，先端渐尖或短尖，基部心脏形，边缘有细锯齿及波状缺刻，有时3浅裂，上面沿脉密生淡黄色柔毛，下面密生黄白色柔毛，并散生倒钩刺。花多数，密集成圆锥花序；萼片5，花白色。聚合果球形，成熟时红色。花期8～9月，果期10～11月。

【药效与应用】味苦、酸，性寒，具有疏风解表、凉血祛瘀、清热解毒的功效。可用于治疗感冒、口腔炎、鼻衄、肺病咳血、血崩、白带过多、产后感染、癫痫、坐骨神经痛、高血压偏瘫、便血、外伤出血。内服煎汤，鲜用30～60 g。①鲜叶适量，捣烂外敷，治外伤出血；②鲜叶20 g，冰糖30 g，水煎，早、晚饭前各服1次，治肺病咳血；③鲜根30 g，水煎，饭后服，治感冒高热，并治吐血。

樱花

药材名：樱花

Cerasus serrulata (Lindl.) G. Don ex London

【分布】生于山谷林中。产于我国山东、江苏、安徽、浙江、江西等省，分布于东北、河北、湖南、贵州、甘肃等地。

【特征】小枝无毛。单叶互生，卵状椭圆形或倒卵状椭圆形，长5～9 cm，有尖锐的单锯齿，偶有重锯齿，齿端有腺体，两面无毛。花序伞房状或伞形状，有花2～3朵，总苞片褐色，倒卵状长圆形，苞片有腺齿，花梗长1.5～2.5 cm，花瓣5枚，白色，稀粉红色。核果球形或卵圆形，成熟后紫黑色，直径约1 cm。花期4～5月，果期6～7月。

【药效与应用】种仁入药。有清肺透疹的功效。用于治疗麻疹透发不畅等。

樱桃

药材名：樱桃

Cerasus pseudocerasus (Lindl.) G. Don (Prunus pseudocerasus Lindl.)

【分布】生于山坡向阳处或沟边，各地常有栽培。产于我国山东、安徽、江苏、浙江、江西等省，分布于华中、辽宁、河北、广西、四川、贵州、甘肃以及陕西南部等地。

【特征】落叶乔木，高3～8 m。树皮灰白色，具明显横条皮孔。单叶互生，长卵形或长圆状卵形，长5～12 cm，有尖锐重锯齿，齿端有小腺体，叶柄先端有1～2个大腺体。花序伞房状或近伞形，有3～6朵花，先叶开放，倒卵状椭圆形，总苞边缘有腺齿，花瓣5枚，白色。核果近球形，直径约1.3 cm，成熟时红色，多汁，味甜。花期3～4月，果期5～6月。

【药效与应用】果实、叶、枝入药。果实有补脾益肾的功效，用于治疗脾虚泄泻、肾虚遗精、腰疼痛、瘫痪等；樱桃水(果汁)有透疹、敛疮的功效，用于治疗疹发不出、冻疮、烧烫伤；核有发表透疹、消瘤去瘢、行气止痛的功效，用于治疗痘疹初期透发不畅、皮肤瘢痕、瘿瘤、疝气疼痛。

杜梨（棠梨）

药材名：棠梨

Pyrus betulaefolia Bunge

【分布】生于山坡林下。产于我国安徽、江苏、浙江、江西，分布于辽宁南部、河北、山西、河南、湖北、四川、贵州、陕西、甘肃、青海、西藏等地。

【特征】落叶乔木，高达10 m。小枝先端常呈枝刺，幼枝和冬芽被灰白色绒毛。单叶互生，菱状卵形或长圆状卵形，长4～8 cm，具尖锐锯齿，幼时两面被灰白色绒毛，后近无毛，叶柄长2～3 cm，被灰白色绒毛。伞形总状花序具花10～15朵，花瓣5枚，白色，总花梗和花梗被绒毛。梨果近球形，直径1 cm，褐色，有浅色斑点。花期4月，果期8～9月。

【药效与应用】果、叶和树皮入药。果有涩肠、敛肺、消食的功效，用于治疗泻痢、咳嗽、食积；枝叶有疏肝和胃、缓急止泻的功效，用于治疗反胃吐食、霍乱吐泻、转筋腹痛。

欧李

药材名：郁李仁

Prunus humilis Bunge.

【分布】生于荒山坡或固定的沙丘上。分布于我国黑龙江、吉林、辽宁、内蒙古等地。

【特征】落叶灌木，直立。树皮灰褐色，多分枝，小枝被短柔毛。叶互生，叶柄短，长约2 mm，托叶2，线形，呈篦状分裂，早落；叶片长圆形或椭圆形，少有椭圆状披针形，先端争尖或短渐尖，基部楔形，边缘具细锯齿，无毛或在脉间被微毛。花先叶长或与叶同时开放，单生或2朵并生，具花柄，无毛；花萼钟状，萼片5，边缘具浅乳突状锯齿；花瓣5，白色或近粉红色；雄蕊多数，花丝不等长；雌蕊1枚，子房1室。核果近球形，鲜红色，核近球形或倒卵形，顶端微尖，表面有1～3沟。种子卵形。花期4～5月，果期7月。

【药效与应用】郁李仁含苦杏仁苷、郁李仁苷A和郁李仁苷B。薄层色谱法可溶性蛋白电泳分析均具鉴定意义。郁李仁苷有强烈的泻下作用，皂苷类有止咳、祛痰、平喘作用，提取的蛋白质成分IR-AI和IR-B静脉注射有抗炎镇痛作用。采收加工：夏、秋季果实成熟时采摘，除去果肉，破核壳，取出种子，晒干。种仁入药。用于治疗大便秘结、水肿、尿少等症。孕妇慎用。

桃

药材名：桃仁、桃叶

Prunus persica (L.) Batsch

【分布】我国各地均有栽培。

【特征】落叶乔木。树皮暗褐色，粗糙。具线状托叶1对，宿存；叶互生；叶柄具腺体；叶片椭圆状披针形或倒卵状披针形，先端渐尖，基部阔楔形，边缘具有细锯齿。花单生，先叶开放；粉红色或白色；核果近球形或卵形，密被短毛。花期4月，果期7~9月。

【药效与应用】种仁、嫩枝入药。桃果仁，有小毒，可活血祛瘀、润肠通便、止咳平喘。用于治血瘀经痛、腹痛、肠痛、跌打肿痛、肠燥便秘、气逆咳喘等。种仁提取液治血吸虫病性肝硬化。

李

药材名：李仁

Prunus salicina Lindl.

【分布】产于我国安徽、江苏、浙江、福建、江西等省，分布于华中及西南，我国及世界各地均有栽培。

【特征】落叶乔木，高达10 m。树皮灰褐色，粗糙。小枝红褐色，无毛。单叶互生，长圆状倒卵形或长椭圆形，长6～8 cm，有圆钝重锯齿，幼时齿尖带腺体，两面无毛，叶柄顶端有2个腺体或无。花常3朵簇生，花瓣5枚，白色，先端齿蚀状，花梗长1～2 cm，花径1.5～2.2 cm。核果近球形，直径3.5～5 cm，有明显的纵沟，成熟时黄色或红色，有时为紫色，被蜡粉，果肉多汁，味酸甜。花期4～5月，果期7～8月。

【药效与应用】果实有清热、生津、消积的功效，用于治疗虚劳骨蒸、消渴、食积。种子有祛瘀、利水、润肠的功效，用于治疗血瘀疼痛、跌打损伤。

梅

药材名：梅花、乌梅

Prunus mume (Sieb.) Sieb. et Zucc.

【分布】我国各地均有分布，多为栽培。

【特征】落叶小乔木或灌木，高可达10 m。树皮淡灰色或淡绿色，多分枝。叶互生，叶柄被柔毛；托叶1对，早落；叶片阔卵形或卵形，先端尾状渐尖，边缘具细锐锯齿，沿脉背有黄褐色毛。花单生或2朵簇生于2年枝上，先于叶开放，白色或粉红色，花梗极短；核果球形，一侧有浅槽，被毛，绿色，成熟时黄色。花期11月到翌年2月，果期3～5月。

【药效与应用】花含挥发油，主要有苯甲酸醛、苯甲醇、4-松油烯醇、苯甲酸和异丁香油酚等，还含有黄酮类化合物芦丁、槲皮素、绿原酸等。花、果实入药。初春采集含苞待放的花蕾，及时低温干燥。煎服。可化痰、解毒。

杏

药材名：杏仁

Prunus armeniaca L.

【分布】生于我国河北、山西、陕西等省。

【特征】落叶乔木，高达10 m。树冠圆形，树皮暗灰色，单叶互生，叶片宽卵形或近圆形，基部圆形或近心形，边缘具圆钝锯齿，具长柄。花单生顶端，先叶开放，几无柄；核果心状卵扁圆形，侧面具浅凹槽，黄白色或黄红色，成熟时不开裂；果核扁圆形，近平滑，腹缝中部具龙骨状棱，两侧有扁平棱或浅沟。花期3～4月，果期4～6月。

【药效与应用】成熟种子含苦杏仁苷、脂肪油、苦杏仁酶、苦杏仁苷酶、樱叶酶、雌酮、α-雌二醇、链甾醇等，具有镇咳平喘、保肝、抗肿瘤功效。大量服用会产生中毒反应。种仁入药。用于治疗咳嗽气喘、胸满痰多、血虚津枯、肠燥便秘等。

山楂（山里红）

药材名：山楂

Crataegus pinnatifida Bunge. var major N. E. Br.

【分布】生于我国东北、河北、河南等地。

【特征】落叶乔木，高达6 m。多分枝，具刺或无，刺长1～2 cm。叶互生，叶片宽卵形或三角状卵形，有2～4对羽状裂片，仅下面1对裂片较深，先端短渐尖，基部宽楔形，上面有光泽，下面沿脉有短柔毛，边缘有不重锯齿。伞房花序，花白色，萼筒钟状。梨果近球形，直径可达2.5 cm，深红色，有黄白色小斑点，萼片脱落很迟，先端留一圆形深洼。

【药效与应用】主要含有机酸（柠檬酸及其甲酯、苹果酸等）及黄酮类化合物（金丝桃苷、槲皮素、牡荆素等）。山楂中有机酸是消食导滞的有效成分，黄酮类化合物是防治心血管病及降血脂的活性成分。德国将山楂制剂作为治疗心血管疾病的药物，已载入药典，缩合黄烷（黄烷聚合物）是其质量标准之一。山楂黄酮或水解物对离体或在体蟾蜍心脏均有强心作用；浸膏、黄酮或水解物能增加冠脉流量；总黄酮、水解物、三萜酸具降压作用；提取物、醇浸膏、总三萜酸提取物能降血脂；此外，具增强免疫、抗氧化、抗菌作用。果实入药。味酸、甘，性微温，具消食健脾、行气消瘀之功效。内服治疗肉食积滞、小儿乳积、脘腹胀痛、痢疾、泄泻、痛经、产后淤血腹痛、高脂血症等。

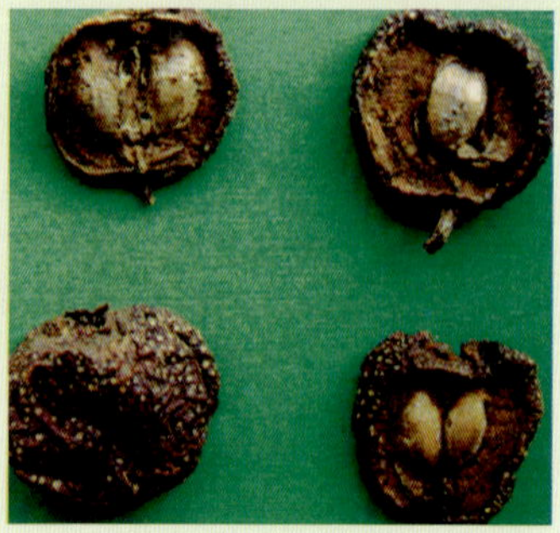

沙梨

药材名：沙梨

Pyrus pyrifolia (Burm. f.) Nakai

【分布】产于我国山东、江苏、安徽、浙江、江西及福建，广布于华中、华南、西南及河北东部等省区。

【特征】落叶乔木，高达15 m。幼枝被黄褐色长柔毛，老枝暗褐色或紫褐色，有浅色皮孔。单叶互生，卵状椭圆形或卵形，长7～12 cm，具芒状锐锯齿，两面无毛或幼时被褐色绵毛。伞形总状花序有花6～9朵，花梗长3～5 cm，花瓣5枚，白色，先端齿蚀状。梨果近球形，褐色，有浅色斑点。花期4月，果期8月。

【药效与应用】花、果、叶入药，果有清肺化痰、生津止渴的功效。用于肺燥咳嗽、热病烦躁、津少口干、消渴、目赤、疮疡、火烫伤等症。

苹果

药材名：苹果

Malus pumila Mill.

【分布】原产于欧洲和中亚地区。我国大部分地区有栽培。

【特征】落叶乔木，高达15 m。幼枝密被绒毛，老时紫褐色，无毛。单叶互生，椭圆形或卵形或宽椭圆形，长4～10 cm，具圆钝锯齿，嫩叶两面被毛，老叶上面无毛。伞房花序集生枝顶，有花3～7朵，花梗长1～2.5 cm，花瓣5枚，白色，花萼裂片两面密被绒毛。梨果扁球形，直径大于4 cm，萼片宿存。花期3～4月，果期7～10月。

【药效与应用】果入药，有益胃、生津、除烦、醒酒的功效，用于治疗津少口渴、脾虚泄泻、食后腹胀、饮酒过度。叶有凉血解毒功效，用于治疗产后血晕、月经不调、发热、热毒疮疖、烫伤。果皮有降逆和胃的功效，用于治疗反胃等。

火棘（火把果、救荒粮）

药材名：火棘果

Pyracantha fortuneana (Maxim.) Li

【分布】生于山坡及丘陵地或栽培作绿篱。分布于我国河南、陕西、安徽、江西、湖北、湖南等省。

【特征】常绿灌木，高达3 m。侧枝先端成刺状，幼枝有锈色柔毛。叶互生，椭圆形，倒卵状椭圆形，长1.5～5 cm，先端圆或微凹，有时具短尖头，基部楔形，下延，边缘具圆钝锯齿，齿尖内弯，近基部全缘；叶柄短。复伞房花序生于短枝上；花萼短；花瓣5，白色；雄蕊20；子房下位，5室。梨果近圆形，直径约5 mm，深红色，顶端具宿萼，内有小坚果5。花期5～7月，果期10月。

【药效与应用】果实、根、叶入药。根含鞣质8.59%～13.26%，有抗菌抗病毒的作用。体外对金黄色葡萄球菌等细菌有抑制作用。火棘叶，可治痘疮，用于治疗虚劳骨蒸潮热、跌打损伤、止筋骨痛、火眼、疔疮等。

西府海棠（海棠）

药材名：海棠果

Malus micromalus Makino

【分布】生于山坡灌丛中。产于山东北部，我国东部地区常栽培供观赏，广布于黄河流域及辽宁、新疆、云南等地。

【特征】落叶小乔木，高2.5～5 m。小枝紫红色或暗褐色。单叶互生，长椭圆形或椭圆形，长5～10 cm，具细齿，叶柄长2～3.5 cm。花4～7朵，组成伞形总状花序或集生于小枝顶端，花梗长3～6 cm，花瓣5枚，粉红色，直径约4 cm，萼筒被白色长柔毛。梨果近球形，直径1～1.5 cm，红色，梗洼下陷。花期4～5月，果期8～9月。

【药效与应用】果入药，有涩肠止痢的功效。用于治疗泄泻、痢疾等。

枇杷树

药材名：枇杷叶

Eriobotrya japonica (Thunb.) Lindl.

【分布】 多栽于村边、平地或坡地。分布于我国江苏、浙江、广东、陕西及长江流域以南各地。

【特征】 常绿小乔木，高3～8 m。小枝粗壮，被锈色绒毛。单叶互生，革质；具短柄或近无柄；托叶2片。叶片长椭圆形至倒卵状披针形，先端短尖或渐尖，基部楔形，边缘具疏锯齿，上面深绿色，有光泽，下面密被锈色绒毛，侧脉12～15对。圆锥花序顶生，密被锈色绒毛，分枝粗壮；花密集，苞片被褐色绒毛；萼筒壶形，黄绿色，密被绒毛；花瓣5，白色，倒卵形，花丝基部较粗，略呈三角形。果为浆果状梨果，卵形、椭圆形或近圆形，黄色或橙色。

【药效与应用】 新鲜枇杷叶含挥发油0.045%～0.108%，主要成分为橙花叔醇、芳樟醇及其氧化物等。叶、花、果、核、根均可入药。叶有清肺止咳、和胃降逆、止渴的功效，用于治疗肺热咳嗽、阴虚劳咳、衄血、吐血、胃热呕吐；花有疏风止咳、通鼻窍的功效，用于治疗感冒咳嗽、鼻塞流涕、虚劳久咳、痰中带血；果实有润肺下气、止渴的功效，用于治疗肺热咳喘、吐逆、烦渴；核有化痰止咳、疏肝行气、利水消肿的功效，用于治疗咳嗽痰多、疝气、瘰疬、水肿；根有清肺止咳、下乳、祛内湿的功效，用于治疗虚痨咳嗽、乳汁不通、风湿痹痛。

木瓜（贴梗海棠）

药材名：木瓜

Chaenomeles sinensis (Thouin) Koehne

【分布】主产于陕西、甘肃、湖南等地，各地常见栽培。

【特征】落叶灌木，高达2 m。小枝棕褐色，无毛，有刺。单叶互生，叶片卵形至椭圆形，长3～10 cm，宽1.5～5 cm，先端急尖，基部楔形至宽楔形，边缘有尖锐锯齿，托叶大，草质，常为肾形或半圆形，长0.5～1 cm。花簇生，淡红色或白色，花柱5，基部合生，无毛；梨果球形或长圆形，直径3～5 cm，干后果皮皱缩。花期3～4月，果期9～10月。

【药效与应用】木瓜果实含苹果酸、酒石酸、枸橼酸、皂苷、黄酮和鞣质等。鲜果含过氧化氢酶。种子含氢氰酸。具有抑菌、抗肿瘤、消炎止痛功效，并能促进肝细胞修复，显著降低谷丙转氨酶且有免疫抑制和改善微循环作用。果实入药，用于治疗手脚痉挛、腰膝关节疼痛、吐泻转筋和脚气水肿等。

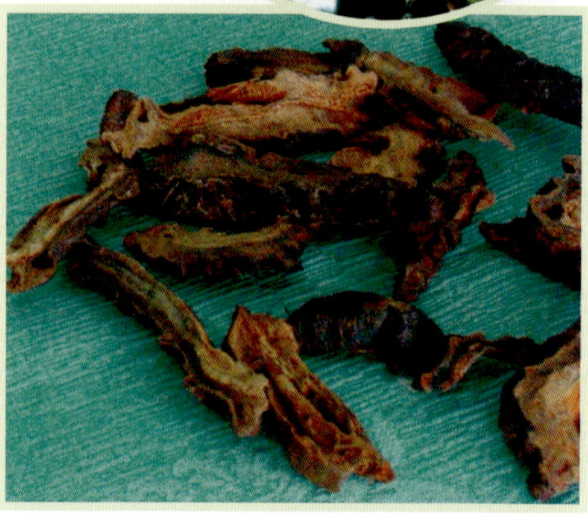

48. 含羞草科 Mimosaceae

猴耳环（围涎树、三不正）

药材名：猴耳环、落地金钱、围涎豆

Archidendron clypearia Nilscn Pithecellobium clypearia (Jack) Benth.

【分布】生于山野丛林中。分布于广东、福建、海南、广西等省区。

【特征】常绿乔木。小枝有棱角，密被黄褐色绒毛，叶互生。二回羽状复叶，叶柄具4棱，羽片3～8对，通常4～5对，每对羽片着生处的叶轴上有1枚腺体，最下部的羽片有小叶3～6片，最顶部的羽片有小叶10～12对或更多；小叶革质，斜菱形，最顶部的小叶最大，两面被褐柔毛，近无柄。花白色或淡黄色，数朵组成小型头状花序，多个头状花序再作顶生或腋生圆锥花序式排列；萼钟形，褐色柔毛；花冠中部以下合生，裂片匙形；雄蕊多数。荚果二回或三回旋卷。

【药效与应用】树皮、果实、叶入药。成熟果皮含黄酮苷、酚类、氨基酸、糖类。现代临床用于治疗慢性胃炎、溃疡病、上呼吸道感染、急性胃肠炎、咽喉肿痛、胃脘痛、湿热泄泻。外用治疗水火烫伤、烂脚、疮痈疖肿。

亮叶猴耳环（亮叶围涎树）

药材名：尿桶弓、亮叶猴耳环

(*Pithecellobium lucidum* Benth.) Archidendron lucidum (Benth.)

【分布】生于疏林地或林缘灌丛中。分布于我国福建、广东、广西、云南、四川和台湾等省区。

【特征】乔木。小枝无刺。羽片1～2对；小叶斜卵形或长圆形，互生；无刺状托叶。头状花序球形，有花10～20朵，排成腋生或顶生的圆锥花序；有萼与冠被褐色短绒毛；花瓣白色，中部以下合生；子房具短柄，无毛。荚果旋卷成环状。花期4～6月，果期7～12月。

【药效与应用】枝叶入药。味微苦、辛，性凉，有小毒。有祛风消肿、凉血解毒、收敛生肌功效。主治风湿骨痛、跌打损伤、烫火伤、溃疡。

海红豆（孔雀豆、红豆、相思树）

药材名：海红豆

Adenanthera pavonina L.

【分布】在我国广东、广西、云南等省区有栽培。

【特征】落叶乔木，树高达30 m。树皮灰褐色，树冠广阔，由大枝条伸展而成。果实为荚果，内有光滑鲜红的种子。花期5月，果10月成熟。

【药效与应用】种子含20%～25%二十四烷酸、平豆甾醇及其葡萄糖苷、卫矛醇和多糖及尿素酶。种油含油酸、亚油酸、肉豆蔻、棕榈酸、硬脂酸。种子、根、叶入药。根：味涩，性寒。有催吐、泻下的作用。叶有收敛的作用，用于治疗腹泻。种子有小毒，用于治疗皮肤病。

南洋楹（仁仁树）

药材名：楹树皮

Albizia falcataria (L.) Fosberg

【分布】原产于印度尼西亚、马鲁群岛。我国广东、广西、海南、台湾等省区有分布。

【特征】常绿大乔木，高30～45 m。二回羽状复叶，穗状花序，荚果带状，扁平。花期4～6月。

【药效与应用】树皮含鞣质。全株：味甘、淡，性凉。有固涩止泻、收敛生肌的功效。用于治疗刀伤、止血、痢疾、肠炎腹泻、疮疡和溃烂不收口。

台湾相思（相思树）

药材名：台湾相思

Acaciaconfusa Merr.

【分布】生于我国福建、台湾、广东、广西、云南等省区。

【特征】常绿乔木，高16 m。叶柄为叶状，叶披针形，长6～10cm，有平等脉数条，全缘。头状花序，绒球形，黄色；荚果扁平，带状。花期4～6月。

【药效与应用】树皮含鞣质。种子含有毒成分。枝叶入药。味甘、淡，性平。有去腐生肌的功效。用于洗烂疮。种子有毒，误食会引起腹痛、头痛、恶心和呕吐。

合欢（白合欢）

药材名：合欢花、合欢皮

Albizia julibrissin Durazz

【分布】分布于我国辽宁、河北、河南、陕西、山东、江苏、安徽、浙江、江西、福建、台湾、湖北、湖南、广东、四川、贵州和云南等省区。

【特征】落叶乔木。树冠开展呈伞形，复叶具羽片4～12对，花丝粉红色。

【药效与应用】树皮含皂苷、鞣质。种子含合欢氨酸，叶含鞣质、槲皮苷。树皮、花入药。合欢皮：味苦，性平。有解郁安神、活血消肿的功效，用于治疗心神不安，忧郁失眠、肺痈、筋骨损伤、痔疮作痛、痈肿、瘰疬等。合欢花：味甘，性平。有安神舒郁、理气活络的功效，用于治疗郁结胸闷、失眠健忘、风火眼疾、视物不清、咽喉肿痛、痈肿和跌打损伤等。

榼藤（榼藤子）

药材名：过岗龙

Entada phaseoloides (Linn.) Merr.

【分布】生于山涧或山坡混交林中，攀缘于大乔木上。分布于我国广东、广西、云南和西藏等省区。

【特征】常绿木质大藤本。茎扭旋。二回羽状复叶；羽片通常2对，顶生1对羽片变为卷须；小叶2～4对，对生，革质。穗状花序，单生或排成圆锥花序式；花细小，白色，密集，略有香味；苞片被毛。荚果弯曲，成熟时逐节脱落。花期3～6月，果期8～11月。

【药效与应用】藤茎、种子入药。味涩，性平，有毒。藤茎有祛风除湿、活血通络功效，主治风湿痹痛、跌打损伤、腰肌劳损。种子有行气止痛、利湿消肿功效，主治脘腹胀痛、黄疸、痢疾、痔疮等。

金合欢（牛角花）

药材名：金合欢

A. farnesiana (L.) Willd.

【分布】原产于热带美洲。在我国福建、广东、海南、云南、贵州、四川、广西、浙江和台湾等省区有栽培。福建漳州是我国金合欢香料的主要生产基地。法国、澳大利亚、印度、叙利亚、摩洛哥及阿尔及利亚均有栽培。

【特征】常绿灌木，高2～4 m。多分枝，枝略呈曲折状；托叶刺长6～12 mm。树皮灰绿色，平滑，小枝具棱，被灰色柔毛。叶为二回羽状复叶，条形，银灰绿色，羽片4～8对，小叶10～20对，狭长圆形。花深黄色，头状花序1～3生于叶腋，球形，直径约1 cm，金黄色，极芳香。花序梗长1～3 cm。荚果圆筒形，肿胀，直或弯曲。淡紫褐色或紫红色。花期3～6月，果期7～11月。

【药效与应用】花含芳香油，得油率0.4%～0.8%。主要化学组成：香叶醇、芳樟醇、大茴香醛、苯甲醛、癸醛、α-松油醇、香豆素、羟基苯乙酮、丁酸、苯甲酸、水杨酸、棕榈酸、对-甲酚、水杨酸甲酯和莳萝醛等。全树均可利用。它的树皮可用于提取栲胶、单宁胶。茎中流出的树脂含有树胶，可供药用。荚果入药，具有收敛功效。果可提取鞣质，药用可抗癌、防癌及做避孕药。根入药，有 痰、消炎、截疟等作用。

49. 苏木科（云实科） Caesalpiniaceae

凤凰木（红花楹）

药材名：凤凰花

Delonix regia (Boj.) Raf.

【分布】生于我国福建、台湾、广东、广西、云南等省区。

【特征】落叶乔木，高达20 m。树冠开展，羽状复叶，互生。花鲜红色，有长爪；荚果带状，木质，长30～50 cm。花期5～8月。

【药效与应用】花含胡萝卜素，种子含半乳糖、甘露糖、聚糖。树皮有降血压的功效，用于治疗高血压。

翅决明

药材名：对叶豆

Cassia alata L.

【分布】生于我国辽宁、河北、河南、山西、陕西、山东、江苏、安徽、浙江、江西、福建、台湾、湖北、湖南、广东、广西、四川、贵州和云南等省区。

【特征】灌木，高达3 m。小枝绿色，偶数羽状复叶，叶柄及叶轴四棱形，有窄翅。总状花序单生或分枝，花黄色。果三角状菱形。花期长，常年有花。

【药效与应用】根含胆碱。茎叶、荚含胡芦巴碱、水苏碱、胆碱、甜菜碱。种子含大黄素、大黄酸、钝叶决明素、黄决明素、大黄酚、大黄酚蒽酮、大黄素甲醚和芦荟大黄素。味微苦、咸，性微寒。根用于治疗消瘦、小儿疳积、创伤、蛇咬伤、驱虫。叶有明目安眠的功效,用于治疗小儿疳积，又作为泻药。种子有清肝明目、祛风、润肠、强壮利尿的功效,用于治疗慢性便秘、肝热头痛、眩晕、目赤肿痛、青光眼、夜盲症和目赤多泪等。可降压、利尿、缓泻，对结核杆菌和常见皮肤真菌有抑制作用。

注：木本与草本决明子使用相同。

喙荚云实（南蛇簕）

药材名：苦石莲

Caesalpinia minax Hance

【分布】生于山沟、溪旁、路边或灌丛中。分布于我国广东、广西、四川、云南等地。

【特征】有刺藤本。全株被短柔毛。二回偶数羽状复叶，互生，羽片5～8对，托叶锥形，小叶12～24枚，近无柄，叶片椭圆形，长1.6～3.5 cm，宽0.8～1.2 cm，先端圆或急尖，基部圆形，全缘。圆锥花序顶生，花序轴有刺，被柔毛；苞片大，椭圆形、倒披针形；花萼管阔倒卵形，长7mm，先端5裂，裂片矩形，最下一枚裂片稍长；花瓣5，红紫色，倒卵形，长约1.8 cm，宽1.2cm，上面一枚花瓣较短；雄蕊10，不等长，花丝分离，下部密被柔毛，花药丁字形着生；子房上位，密生细刺，花柱比雄蕊稍长，无毛。荚果椭圆状矩形，长8～14 cm，宽约5 cm，密被棕色针状刺，先端圆形而有尖喙。花期3～4月，果期5～9月。8～9月采收成熟果实，取出种子，晒干。

【药效与应用】味苦、性寒，有毒。有利水消肿、清热解毒功效。8～9月采收成熟果实，取出种子，晒干。用量3～5 g煎服，用于治疗水肿、二便不利。外治热毒痈疮、跌打肿痛、毒蛇咬伤等。

云实（药王子）

药材名：云实

Caesalpinia sepiaria Roxb.

【分布】生于平原、丘陵、山谷及河边。分布于我国广东、广西、湖南、湖北、云南、四川等省区。

【特征】攀缘灌木，具散生钩刺。二回羽状复叶，羽片3～10对，有柄；每羽片有小叶12～24对，膜质，长圆形，两边均被柔毛，老时毛脱落。总状花序，花左右对称，亮花色。花、果期4～10月。

【药效与应用】种子、根入药。树皮和种子均有清热去湿、杀虫功效。内服煎汤10～15 g，或入丸剂，治湿热痢疾。皮或种子9 g，炒焦，加红糖15 g，煎服，可治痢疾。

皂角（皂荚）

药材名：皂角

Gleditsia sinensis Lam.

【分布】我国南北各地都有人工栽培。

【特征】落叶乔木，高达30 m。树干或大枝具分枝圆刺，一回羽状复叶，小叶3～7对，卵状椭圆形，长3～10 cm。荚果直而扁平，长12～30 cm，较肥厚。

【药效与应用】皂角含刺黄酮苷、酚类、氨基酸、三萜皂苷、皂荚皂苷、皂角皂苷。另外还分离得一种皂苷元如阔叶合欢萜酸，且含蜡醇、二十九烷、豆甾醇、谷甾醇。①根：味辛，性温。有通便开窍、除风解毒的功效，用于治疗风湿痛、疮毒和无名肿毒。②皂角刺：味辛，性温。有搜风拔毒、消肿排脓的功效。用于治疗痈肿、疮毒、乳腺炎、乳痈、癣疮、胎衣不下、气管炎、咳嗽、淋巴结核、痢疾、便秘和淋病。叶用于洗风疮。③皂角：味辛，性温，微毒。有祛风、除湿、杀虫的功效。用于中风、口眼歪斜、头风头痛、咳嗽痰喘、肠风便血、痢疾里急后重、疝气、瘰疬和肿毒。外治痈肿。孕妇及咳血、吐血者忌服。

黄槐（黄槐决明）

药材名：黄槐

Cassia surattensis Burm. f.

【分布】生于我国福建、台湾、广东、广西和云南等省区。

【特征】落叶小乔木，高5～7 m，或灌木状。羽状复叶，小叶6～10对，倒卵状椭圆形，长2～3.5 cm，先端圆，基部稍偏斜；叶轴下部2或3对小叶之间有一棒状腺体。花大，鲜黄色，雄蕊10；总状花序伞状，荚果扁，条形，长7～12 cm，种子间有时略缢缩。几乎全年开花，但主要集中在3～12月。

【药效与应用】味甘、苦，性寒。用于治疗肠燥便秘。

苏木（苏方木）

药材名：苏木

Caesalpinia sappan L.

【分布】生于我国云南、贵州、四川等省。

【特征】小乔木，高达6 m。具疏刺。新枝幼时具细柔毛，枝上有皮孔密而显著。二回羽状复叶，长30～45 cm；羽片7～13对，对生，长8～12 cm；小叶10～17对，紧靠，无柄，小叶片纸质，长圆形至长圆形状菱形，先端微缺，基部歪斜，以斜角着生于羽轴上。圆锥花序顶生或腋生。荚果木质，稍压扁，先端斜向截平，具硬喙，不开裂，红棕色，有光泽。花期5～10月，果期9月至翌年3月。

【药效与应用】全年均可采收，多在5～7月，将树砍下，除去粗皮及边材，取其黄红色或红棕色的心材，晒干，刨成薄片或劈成小块。木材（心材）含巴西苏木素，在空气中易氧化成红色的巴西苏木氧化物和苏木酚。含挥发油和鞣质，挥发油主要成分为右旋菲兰烃。动物实验表明，适量的水溶液能增强血管的收缩力。具催眠作用，大量尚有麻醉作用，甚至导致死亡。能对抗士的宁与可卡因的中枢兴奋作用，但不能对抗吗啡的兴奋作用。水煎液（10%）有抗菌作用。木材（心材）入药。心材煎服、研末或熬膏，可治经闭痛经、产后瘀阻、胸腹刺痛、外伤肿痛。孕妇慎用。

腊肠树（牛角树）

药材名：婆罗门皂荚

Cassia fistula L.

【分布】分布东南亚各国。我国南方有栽培，广州常见。

【特征】乔木，高达16 m。全株无毛。树皮灰白色，平滑。双数羽状复叶，对生；叶柄及叶轴无腺体；小叶4～8对，卵形至椭圆形，长6～15 cm，宽3～5 cm，先端渐尖，基部短尖，全缘，两面均被微毛。花腋生，总状花序疏散，悬垂。荚果圆柱形，暗褐色，长30～60 cm，种子扁平，赤褐色，光亮，种子间有隔膜。花期6月。

【药效与应用】果实、叶入药。果有小毒，过量可引起呕吐。取果仁制成煎剂，每10 mL内含鲜果50 g，为1次量。每日服3次，7日为1疗程。对胃脘痛，十二指肠溃疡，急、慢性胃炎，胃肠神经官能症等有止痛和改善作用。

紫荆

药材名：紫荆皮

Cercis chinensis Bunge

【分布】生于我国辽宁、河北、河南、陕西、甘肃、山东、江苏、安徽、浙江、江西、福建、湖北、湖南、广东、广西、四川、贵州和云南等省区。

【特征】落叶小乔木，高2～4 m。单叶互生，心形长5～13 cm，叶柄顶端膨大，花紫红色，荚具翅。

【药效与应用】皮含鞣质，味苦，性平。有活血通经、消肿解毒的功效，用于治疗风湿性关节炎、痈肿、闭经、淋疾、遗尿、喉痹、疔疮肿毒、牙痛、蛇伤和狂犬咬伤。花有清热凉血、祛风解毒的功效，用于治疗风湿筋骨痛，花梗为外科疮疡要药。

洋紫荆（红花羊蹄甲、红花紫荆）

药材名：羊蹄甲

Bauhinia variegata L.

【分布】生于我国福建、广东、广西、云南等省区。

【特征】常绿小乔木，高6～8 m。叶广卵形，长7～10 cm。花大粉红色。

【药效与应用】根皮含鞣质。花中含山柰酚-3-半乳糖苷和山柰酚-3-鼠李葡萄糖苷。树皮、根、叶、花入药。根部：味苦、涩，性平。有清热解毒、润肺止咳的功效，用于治疗肺炎、肝炎、气管炎、支气管炎、肺热咳嗽、消化不良、急性肠胃炎。根皮凉血止泻。

格木（斗登风）

药材名：格皮、格木

Erythrophleum fordii Oliv.

【分布】生于我国浙江、福建、台湾、广东、广西等省区。

【特征】常绿乔木，高25 m。树皮不裂至微裂。小枝被锈色毛，二回羽状复叶，互生。羽片2～3对，每羽片同大小。叶9～13。花小而密，白色，复总状花序。荚果带状、扁平，长10～18 cm。

【药效与应用】树皮、种子入药。树皮、种子有毒，含格木碱。树皮和种子均有强心作用。用于治疗心气不足所致的气虚血瘀之证。

中国无忧花（火焰花）

药材名：四方木

Saraca dives Pierre

【分布】 生于海拔200～1 000 m的密林或疏林中、河流或溪谷两旁。分布于我国云南和广西等地。

【特征】 乔木。一回羽状复叶；小叶5～6对，近革质，长椭圆形、卵状披针形或长倒卵形，嫩叶略带紫红色，下垂。花序腋生；花黄色，后部分变红色；两性或单性；雄蕊8～10枚，其中1～2枚常退化呈钻状，花丝突出。荚果棕褐色。花期4～5月，果期7～10月。

【药效与应用】 树皮、叶入药。味苦、涩，性平。有祛风止痛、止咳功效。主治风湿骨痛、跌打肿痛、心胃气痛、痛经、痰饮咳嗽等。

50. 蝶形花科 Papilionaceae

鸡血藤（昆明鸡血藤）

药材名：鸡血藤

Millettia reticulata Benth.

【分布】生于灌木丛中或山野间。分布于我国华东、华南地区及湖北、云南等地。

【特征】攀缘状灌木。茎皮灰白色。羽状复叶，长10～20 cm；小叶5～9；矩圆形或卵状矩圆形，纸质，先端钝，微凹，全缘，基部圆形或钝形，上面深绿，光滑，下面绿色；网脉两面均明显；小叶柄长4～5 mm；小托叶长约3 mm，针刺状。圆锥花序，顶生，下垂，花序梗有黄短毛；花多数，密生，苞片2，矩圆形；萼钟形，5裂；花冠秃净，暗紫色。荚果扁条形，薄而硬，秃净，长至15 cm，果瓣近木质，种子3～6，扁圆形。花期5～6月，果期11～12月。

【药效与应用】藤茎入药。味苦、甘，性温。有补血、活血和通络功效。①单味煎服，治闭经、体虚盗汗等；②配枫荷梨、山胡椒、八角枫等，治关节痛。

刺桐（鸡桐木）

药材名：海桐皮

Erythrina variegata L. orientalis

【分布】生于我国广东、广西、贵州、云南等省区。

【特征】落叶乔木，高10～20 m。小枝粗壮，3小叶，顶生小叶，宽卵形，长8～15 cm。花成密集的顶生总状花序。荚果肿胀。

【药效与应用】树皮含刺桐灵碱、下箴刺碱、甜菜碱、胆碱。叶、种子含刺桐灵碱、下箴刺桐碱、刺桐次碱、刺桐新碱。①根、树皮：味苦、辛，性平。有祛风湿、通经络、杀虫的功效。海桐皮水浸剂（1∶3）在试管内对蓝色毛癣菌、许兰黄癣菌、铁锈色小芽胞癣菌、腹股沟表皮癣菌等均有一定的抑制作用。据报告，在体外对金黄色葡萄球菌有抑制作用。海桐皮所含生物碱对横纹肌有松弛作用，对中枢神经有镇静作用，与硫喷妥钠合用能起协同作用。用于治疗风湿痹痛、痢疾、牙痛、疥癣、骨折、跌打损伤、小儿疳积、乳痈。②叶用于驱蛔虫。

紫藤（藤花菜）

药材名：紫藤

Wisteria sinensis (Sims) Sweet

【分布】生于山坡林缘、溪边灌丛中。产于我国山东、江苏、安徽、浙江、江西、福建，分布于我国东北南部、华北、西北至甘肃、西南至四川以南、南达广西，现广泛栽培。

【特征】大型落叶藤本，长达10 m。小枝黄褐色，被白色绢毛。奇数羽状复叶互生，长15～25 cm，小叶7～13枚，卵状椭圆形或卵状披针形，长4.5～8.5 cm，宽2～4.5 cm。总状花序于二年生枝顶端，长15～30 cm，下垂，花紫色或深紫色，先叶开放。荚果线状倒披针形，长10～15 cm，密被灰色绒毛，成熟后不脱落。花期4～5月，果期9～10月。

我国东部地区尚有银藤（白花紫藤*Wisteria sinenies* var. *alba* Lindl.）与紫藤近似，唯本变种和花白色。

【药效与应用】味甘，性温。茎或茎皮入药，有利水、除痹、杀虫的功效，用于治疗水肿、关节疼痛、肠寄生虫病。种子有活血、通络、解毒、驱虫的功效，用于治疗筋骨疼痛、腹痛吐泻、小儿蛲虫病。根有祛风除湿、舒筋活络的功效，用于治疗痛风、痹症等。

藤黄檀（藤檀）

药材名：藤黄檀、红香藤

Dalbergia hancei Benth.

【分布】 生于林缘及灌木丛中。分布于我国安徽、浙江、江西、广东等省区。

【特征】 灌木状藤本，或攀缘于大树上。小枝呈钩状或螺旋状。单数羽状复叶，小叶9～13，长圆形或长椭圆形，长15～19mm，宽6～9mm，先端钝而微凹，基部楔形或圆形，下面有伏贴柔毛。圆锥花序腋生，总花梗及花梗密被短柔毛；花小，黄白色，芳香；小苞片卵形，副萼状小苞片披针形，均被锈色柔毛，脱落；萼钟状，萼齿5，花瓣有长爪，旗瓣圆形；雄蕊单体或2体；子房具柄，被短柔毛。荚果矩圆形，扁平。种子肾形，扁平。花期3～4月，果期7～9月。

【药效与应用】 藤茎、根入药。味辛、涩，性温。根：强筋活络，单味煎服，治风湿关节痛等。茎：理气止痛、止血、破积，单味煎服，治胸胁痛、胃痛、腹痛、腰腿痛。

常春油麻藤（常绿油麻藤、棉麻藤）

药材名：牛马藤

Mucuna sempervirens Hemsl.

【分布】生于山坡林中或灌丛。分布于我国华中、华南及西南等省区，浙江、江西、福建，江苏、安徽有栽培。

【特征】常绿木质藤本，长达10 m。茎粗达30 cm。羽状三出复叶互生，顶生小叶卵状椭圆形，长7～13 cm，宽4～5.5 cm，侧生小叶基部偏斜，全缘，两面无毛。总状花序着生于老茎上，长10～36 cm，下垂，花冠深紫红色，大而美丽，干后黑色。荚果带状，扁平，长30～60 cm，被红褐色短伏毛和长刚毛，种子间缢缩。花期4～5月，果期9～10月。

【药效与应用】茎藤入药，有活血调经、补血舒筋的功效。用于治疗月经不调、痛经、闭经、产后血虚、贫血、风湿痹痛、四肢麻木、跌打损伤等。

美丽胡枝子（夜关门）

药材名：胡枝子

Lespedeza formosa (Vog.) Koehne.

【分布】生于山坡林下或杂草丛中。分布于我国华北、华东、西南地区至广西等地。

【特征】直立灌木。幼枝有细毛。复叶有小叶3片，卵形、卵状椭圆形或椭圆状披针形，先端急尖，圆钝或微凹，有小尖，基部楔形，下面密生短柔毛。总状花序腋生，单生或数个排成圆锥状；总花梗密生短柔毛；小苞片卵状披针形、狭矩形或线形，被长柔毛；花冠紫红色或白色，龙骨瓣在花盛开时较旗瓣为长；花梗短，有毛。荚果卵形、矩圆形，稍偏斜，有短尖，密被锈色短柔毛。花期7～9月，果期9～10月。

【药效与应用】根：味苦，性平，有清肺热、祛风湿、散瘀血功效。治肺痈、风湿疼痛、跌打损伤等。茎叶：味苦，性平，治小便不利。花：味苦，性平，有清热凉血功效。止血、便血。煎服10～15 g。①鲜根和酒糟捣敷，治扭伤、脱臼、骨折；②根配朱砂根，治跌打损伤；③茎叶配金丝草，治小便不利。

相思子（相思豆）

药材名：相思子

Abrus precatorius L.

【分布】生于山坡、路旁、林下、灌丛中。分布于广东、广西、福建、云南、台湾等地。

【特征】缠绕藤本。茎细长，稍木质化，疏生白色平伏毛。双数羽状复叶互生，小叶8～20对，具叶柄。总状花序腋生，花小，数朵簇生于花序轴的各个短枝上；花萼钟形，黄绿色，4齿裂，外被毛；花冠蝶形，淡紫色，旗瓣阔卵形，基部有三角状的爪；雄蕊9，合生成一束；子房上位，阔线形，被毛。荚果菱状长椭圆形，稍膨胀，黄绿色，被平伏毛，先端有弯曲的喙。夏、秋季分批采摘成熟果荚，晒干，脱粒，扬净。种子1～6粒，椭圆形，上部鲜红色，基部靠近种脐部分黑色，有光泽。花期3～5月，果期5～6月。

【药效与应用】含相思子三萜苷A、相思子三萜苷B、相思子三萜苷C、相思子三萜苷D、相思子凝集素-a、相思子凝集素-b、相思子毒蛋白Ⅰ、相思子毒蛋白Ⅱ、相思子毒蛋白Ⅲ、相思子碱、相思子灵、相思豆扔、胆碱、胡芦巴碱、N，N-二甲基色氨酸甲酯的甲阳离子、下箴刺桐碱等。相思子凝集素有很强的致红细胞凝集作用，有抗肿瘤、抗过敏、抗组胺等功效。种子、茎、叶、根入药。不宜内服，以防中毒。外用捣烂涂敷患处，用于治疗疥疮、顽癣、痈肿。

毛排钱草（钱串木）

药材名：排钱草

Phyllodium elegans (Lour.) Desv.

【分布】生于荒地、山坡疏林下。分布于我国南部各地。

【特征】灌木。枝纤细，被柔毛。三出复叶，顶端小叶矩形，侧生小叶比顶生的小，先端钝，基部浑圆形，边缘稍作波浪形，革质，两面均被小柔毛。总状花序顶生或腋生，由12～16个伞形花序组成，每一伞形花序隐藏在2个长1～3 cm的圆形、叶状的苞片内；花柄与萼同被短柔毛；花冠蝶形。荚果矩圆形，秃净或被小柔毛，边缘具睫毛，通常有节2个。花期7～9月，果期8～10月。

【药效与应用】全株入药。根：味甘、淡、涩，性凉。具有活血祛瘀、除湿消肿功效。用于治疗癥瘕肿块、跌打瘀肿、血瘀经闭、风湿痹痛等。煎服15～30 g (鲜品60～90 g)。外用适量治痈疮肿毒。地上部分：味淡、苦，性平。有祛风利水、散瘀消肿功效。治感冒、风湿痹痛、水肿鼓胀、喉风、牙痛、跌打肿痛等。根配瘦猪肉煎服，治风湿性关节炎。

木豆（树豆）

药材名：木豆、木豆叶

Cajanus cajan (L.) Millsp.

【分布】分布于我国四川、广东、广西、台湾等省区。

【特征】灌木，高1～3 m。多分枝，小枝柔弱，有纵沟纹，被灰色柔毛。托叶小；小叶3枚，卵状披针形，长5～10 cm，宽2～3 cm，先端锐尖，全缘，两面均有毛，下面并有不明显腺点。总状花序，腋生；萼钟形，萼齿6，花冠黄红色，长约1.8 cm，旗瓣背面有紫褐色纵线纹；雄蕊(9+1)2组。荚果长5～8 cm，阔至1 cm，先端渐尖，密被黄色短柔毛；种子3～5粒，近圆形，种皮暗红色，有时有褐色斑点。花期4月(广州)。

【药效与应用】味甘、微酸，性温。具有清热解毒、补中益气、利水消食、排痈肿、止血止痢的功效。可治疗心虚、水肿、血淋、痔血、痈疽肿毒、痢疾、脚气。内服煎汤，种子10～15 g，或研末。外用适量，研末调敷。①配薏苡仁各15 g，合煎汤服，每日2次，忌食盐，治肝肾水肿；②配车前子各9 g，合煎汤服，治血淋。

紫穗槐（紫槐）

药材名：紫穗槐

Amorpha fruticosa L.

【分布】原产于北美。在我国吉林、辽宁、内蒙古、河北、河南、陕西、宁夏、甘肃、山东、江苏、安徽、湖北、四川、云南均有引种。

【特征】落叶灌木，茎丛生，高达4 m。老枝灰色，平滑。奇数羽状复叶互生，小叶11～25枚，长卵形或椭圆形，长1.5～4 cm，宽0.6～1.5 cm，全缘，先端芒尖，上面几无毛，下面被白色短毛和黑色腺点。穗状花序密集顶生或枝端腋生，花冠紫色。荚果长圆形，下垂，长约1 cm，微弯曲，密被瘤状油腺点。花期5～6月，果期8～9月。

【药效与应用】根、茎叶含紫穗槐苷及糖，果实含挥发油，种子含维生素E、芹菜素-5-葡萄糖苷。根、叶入药。叶：味微苦，性凉。有祛湿消肿的功效，用于治疗痈肿、湿疹、烧烫伤。

葫芦茶（百劳舌）

药材名：葫芦茶

Tesmodium triquetrum (L.) DC.

【分布】生于荒坡、低陵地草丛中。分布于我国广西、广东、湖南等省区。

【特征】半灌木。直立，多分枝，枝四棱，棱上被粗毛，后变秃净。单叶互生，卵状矩圆形，下具宽翅的柄，形似倒转葫芦；托叶2，披针形。总状花序顶生或腋生；花多数，淡紫色；萼阔钟形，冠蝶形，旗瓣圆形，先端微凹，翼瓣贴生于龙骨瓣；雄蕊10，2体；雌蕊1，花柱内弯。荚果扁平或矩圆形，5～8节，被毛，节间略收缩而呈波状。花期7月，果期8～10月。

【药效与应用】枝叶、根入药。味微苦、涩，性微寒。有清热消滞，解暑去湿，杀虫，利水消肿功效。治疗感冒、咽痛、肺病咳血、肠炎、痢疾、黄疸、风湿关节痛、钩虫病、妊娠呕吐、小儿疳积等。煎服15～60 g；外用适量，鲜品捣敷或煎洗。①茎叶单味煎服，治荨麻疹、风湿关节酸痛；②根单味煎服，治肺痈、黄疸病；③根配南蛇藤、山芝麻、粗叶榕干根，治骨痨。

猪屎豆（大马铃、假兰豆）

药材名：猪屎豆

Crotalaria assamica Benth.

【分布】分布于我国广东、广西、云南、贵州、台湾等省区。

【特征】亚灌木，高1～2 m。茎、枝被绢毛。单叶互生，矩圆形，有时为倒披针状矩圆形，长5～12 cm，宽2～2.5 cm，先端有小尖头，基部楔形，上面秃净，下面有绢质短柔毛；托叶锥尖，宿存。总状花序疏散，有花20～30朵，长达30 cm；小苞片2，线状披针形；花柄与萼等长；萼长8～12 mm，被绢质柔毛，萼5深裂；花冠蝶形，金黄色，长1.8 cm，雄蕊10，单体。荚果矩圆形，长4～5 cm，秃净，有柄。花期7～10月，果期8～11月。

【药效与应用】全株入药。味微苦、辛，性平。治咳嗽吐血、肿胀、牙痛、小儿头疮。内服煎汤15～30 g；外用适量，捣敷或研末调敷。①叶适量，煎水洗，可消疮毒，专治小儿头疮成堆；②叶约10片，与咸鸡蛋1枚同煎汤，加盐少许饮之，治牙痛，外敷消肿胀；③本品煎服，治热咳吐血、水肿、小儿皮色黄瘦；④根煎汤服，治内伤。

槐（槐树、槐花树）

药材名：槐花、槐皮、槐角

Sophora japonica L.

【分布】在我国南北各地均有栽植。

【特征】落叶乔木，高达25 m。树皮灰褐色，浅裂，小枝绿色，奇数羽状复叶互生，小叶7～17，对生或近对生，卵状椭圆形，长2.5～5 cm，全缘。花白色，顶生圆锥花序，7～8月开花，荚果在种子间缢缩成念珠状。

【药效与应用】根含d-山槐树葡萄糖苷和dt-山槐素，枝、叶和花均含芸香，以花蕾含量为最高。从干花蕾中得到三萜皂苷，水解后得白桦脂醇、槐花二醇、葡萄糖醛酸。槐角含9种黄酮类和异黄酮类化合物，有染料木素、槐属苷。根、根皮、树皮、花、果实入药。根、根皮和茎：味苦，性平，有清热消肿、止痛杀虫的功效。用于治疗痔疮、喉痹，可健胃、驱蛔虫。根皮、树皮：味苦，性平，可治身体强直、肌肤不仁、热病口疮、牙疳、肠风下血、疝气、阴疮、阴部痒痛和烫火伤。枝：用于治疗崩中带下、心痛目赤、痔疮。花蕾：味甘，性凉，有清热、凉血、止血的功效。用于治疗肠风便血、痔血、尿血、血淋、崩漏、衄血、赤白痢、风热目赤、痈疽疮毒，也可用于预防中风、高血压、糖尿病。槐角：味苦，性寒，有清热润肺、凉血止血的功效。用于治疗肠风便血、痔血、崩漏、血淋、血痢、心胸烦闷、阴湿和湿痒等。

刺槐（洋槐）

药材名：刺槐

Robinia pseudoacacia L.

【分布】在我国辽宁、内蒙古、河北、河南、山西、陕西、甘肃、山东、江苏、安徽、浙江、江西、福建、湖北、湖南、广东、广西、四川、贵州和云南等省区广泛栽植。

【特征】落叶乔木，高达25 m。干皮深纵裂，枝具托叶刺，冬芽藏于叶痕内。羽状复叶互生。小叶7～19，椭圆形，长2～5 cm，全缘，先端微凹并有小刺尖。花白色，芳香，成下垂总状花序。4～5月开花，荚果扁平、条状。

【药效与应用】树皮有毒，含毒蛋白和毒苷成分。心材含刺槐乙素、二氢刺槐乙素、β-二羟基苯甲酸甲酯和刀豆酸。花含刀豆酸、鞣质、黄酮类、蓖麻毒蛋白，未成熟种子及其坚皮含刀豆酸。种子含植物凝集素。树皮、根入药。①根：有利气和血、祛风除湿、舒筋活络的功效，用于治疗风湿骨痛、跌打止痛、劳伤乏力、面黄肌瘦。②树皮：有利尿的功效，用于治疗血症。③茎、叶：用于治疗大肠下血、咯血和妇女血崩。

降香黄檀（真香、降真香、降香花梨）

药材名：降香

Dalbergia odorifera T. Chen

【分布】分布于我国广东省。

【特征】乔木，高达15 m。树皮褐色，粗糙，皮孔小而密集。奇数羽状复叶，小叶互生，通常9～13片，近革质，卵形或椭圆形，先端急尖，有钝头，基部圆形或阔楔形，全缘，两面均无毛。花序腋生，由多数聚伞花序组成圆锥花序；苞片阔卵形，花梗短；花萼钟状，5裂，下部1裂齿较长，披针形，其余萼齿阔卵形，急尖；花冠淡黄色或乳白色，5瓣近等长，均有爪；雄蕊9枚，1组；花柱短，柱头小，子房狭椭圆形。荚果舌状长椭圆形，薄而扁平，不裂，先端钝或急尖，基部狭，微被毛。种子通常1粒。

【药效与应用】木材、花入药。主要含挥发油及黄酮类成分。挥发油中主要含橙花叔醇、苦橙油醇、β-欧白芷内酯、4-甲基4-羟基环己酮、1，2，4-三甲基环己烷等。黄酮类化合物为芒柄花素、3'-甲氧基黄豆苷元、2'-甲氧基异苷草素、降香异黄烯素等。挥发油灌胃能提高兔血小板cAMP水平，对兔血浆纤溶酶活性具显著促进作用，对实验性血栓亦有明显的抑制作用。醇提物灌胃显示良好的中枢镇静作用。此外，可解汞中毒和有抗炎作用。临床用复方丹参注射及冠心Ⅱ号方治疗心脑血管缺血性疾病，治疗效果良好。

舞草（红毛鸡草）

药材名：无风独摇草

Codariocalyx motorius (Houtt.) Ohashi

【分布】生于海拔200～1 500 m的丘陵山坡或山沟灌丛中。分布于我国广东、广西和四川等省区。

【特征】直立小灌木。茎单一或分枝。叶为三出复叶，顶生小叶长椭圆形或披针形。圆锥花序或总状花序顶生或腋生，花序轴具弯曲钩状毛，苞片密生，花时脱落；花萼膜质，被毛；花冠紫红色，子房被微毛。荚果疏被钩状短毛。花期7～9月，果期10～11月。

【药效与应用】味淡、微涩，性平。有活血祛风、安神镇静功效。用于治疗跌打损伤、骨折、风湿骨痛、风癣瘙痒和神经衰弱等。

51. 胡颓子科 Elaeagnaceae

牛奶子

药材名：牛奶子

Elaeagnus umbellata Thunb.

【分布】生于山坡灌丛或路边林缘。产于我国山东、江苏、安徽、浙江、江西及福建，广布于华北、华中、西南及辽宁、青海等省区。

【特征】落叶灌木，高达4 m。具棘刺，长1～4 cm，幼枝被鳞片。单叶互生，椭圆形，长3～8 cm，宽1～4 cm，全缘或波状，上面幼时被白色星状毛或鳞片，下面密被银白色和少量褐色鳞片。花先叶开放，黄或白色，芳香，密被银白色盾形鳞片，常2～7朵簇生于新枝基部。果近球形，成熟时红色，被银白色或褐色鳞片。花期4～5月，果期7～8月。

【药效与应用】根、叶和果实入药。有清热止咳、利湿解毒的功效。用于治疗肺热咳嗽、泄泻、痢疾、淋证、带下、崩漏、乳痈。

木半夏（半夏）

药材名：木半夏

Elaeagnus multiflora Thunb.

【**分布**】生于山坡山谷路边灌丛或林缘。产于我国山东、江苏、安徽、浙江、江西，广布于华中、西南及辽宁、河北等地。

【**特征**】落叶灌木，高1～2 m。常无刺，小枝密被淡褐色或锈色鳞片。单叶互生，椭圆形，长3～7 cm，宽1.5～4 cm，全缘，上面幼时被鳞片及鳞毛，后脱落，下面密被银白色鳞片及少数淡黄色鳞片。花白色，常单生于新枝基部叶腋，萼筒圆筒状，被银白色和少量褐色鳞片。果椭圆形，成熟时红色，被锈色鳞片。花期5月，果期6～7月。

【**药效与应用**】全株入药。根有行气活血、止泻、敛疮的功效，用于治疗跌打损伤、虚弱劳损、泻痢、肝炎、恶疮、疥癣。果有平喘、止痢、活血消肿、止血的功效，用于治疗哮喘、痢疾、跌打损伤、风湿关节痛、痔疮下血、肿毒。叶有平喘、活血的功效，用于治疗哮喘，跌打损伤等。

胡颓子

药材名：胡颓子

Elaeagnus pungens Thunb.

【分布】生于向阳山坡灌丛林缘。产于我国江苏、安徽、浙江、江西、福建及台湾，广布于华中、华南及西南各省区。

【特征】常绿直立灌木，高2～4 m。具顶生或腋生的棘刺，小枝密被锈褐色鳞片。单叶互生，厚革质，椭圆形或长圆形，边缘微波状，幼时上面有银白色鳞片，并散生少数褐色鳞片，下面密被银白色鳞片，并散生少数褐色鳞片，羽状脉近叶缘处网结。花白色，下垂，密被鳞片，1～3朵簇生叶腋。果椭圆形，熟时红色。花期9～12月，果期翌年4～6月。

【药效与应用】全株入药。果实有收敛止泻、健脾消食、止咳、平喘、止血的功效。用于治疗泄泻、痢疾、食欲不振、消化不良、咳嗽气喘、崩漏、痔疮下血。根有活血止血、祛风利湿、止咳平喘、解毒敛疮的功效。用于治疗吐血、咯血、便血、月经过多、风湿性关节痛、黄疸、水肿、泻痢、小儿疳积、咳喘、咽喉肿痛。叶有止咳平喘、止血、解毒的功效，用于治疗肺虚咳嗽、气喘、咯血、吐血、外伤出血、痈疽、痔疮肿痛。花用于治疗皮肤瘙痒。

沙棘

药材名：沙棘

Hippophae rhamnoides L.

【分布】生于山坡、沟谷、河岸、草原及半干旱沙丘上。主产于我国河北、河南、内蒙古等省区。

【特征】落叶灌木或乔木，高5～10 m。具粗壮棘刺。枝幼时密被褐锈色鳞片。叶互生，线状披针形，两端钝尖，下面密被淡白色鳞片；叶柄极短。花先叶开放，雌雄异株；短总状花序腋生于头年枝上；花小，淡黄色，果肉质花被筒包围，近球形，橙黄色。花期3～4月，果期9～10月。

【药效与应用】果实入药。果实含多种生理活性物质，主要有维生素、蛋白质、氨基酸、酰胺、黄酮类、糖类、有机酸、甾酸、脂肪酸、脂类和微量元素。具有降脂、止咳祛痰功效，调整消化功能，促进溃疡愈合。研究还证明，具有消炎、抗放射损伤、抗肿瘤、抗衰老、抗风湿和抗病毒等功效。果实5～10 g，水煎服。用于治疗咳嗽痰多、消化不良、食积腹痛、瘀血经闭、跌打瘀肿。

52. 瑞香科 Thymelaeaceae

白木香

药材名：沉香、土沉香

Aquilaria sinensis (Lour.) Gilg

【分布】生于平地、丘陵土岭的疏林酸性黄壤土或荒山中。分布于我国广东、海南、广西、台湾等省区。

【特征】常绿大乔木，高达15 m。有香气。树皮灰褐色，幼枝被柔毛。叶互生；叶片革质，长卵形、倒长卵形或椭圆形，先端渐尖，有光泽，基部楔形，全缘，下面及叶柄被伏贴绒毛，后渐无毛。伞形花序顶生和腋生，总花梗、小花梗均被灰白色绒毛；花黄绿色，被绒毛；花被钟形，花被管先端5裂，裂片长圆形，花被管喉部有鳞片10片，密被白色绒毛；雄蕊10枚，着生于花被管喉部，花丝极短或无；子房上位，卵形。蒴果木质，扁倒卵形，下垂，密被灰色毛，花被宿存。种子1粒，基部有角状附属体。花期3～5月，果期5～6月。

【药效与应用】含树脂木材，具有挥发油及树脂。挥发油的主要成分为白木香酸、白木香醛、α-沉香呋喃、β-沉香呋喃；受曲霉菌感染的沉香挥发油中含沉香螺萜醇、沉香螺萜醛等。沉香具有解痉、镇静、镇痛、降压和抗菌的作用。临床用于治疗寒性胃痛、老年性肠梗阻、便秘、哮喘等。

结香

药材名：结香

Edgeworthia chrysantha Lindl.

【分布】生于山坡、山谷林下及灌丛中，有栽培。分布于我国华南、华中、华东等地。

【特征】落叶灌木。全株被绢状长柔毛或长硬毛，幼嫩时更密。枝条棕红色，常呈3叉状分枝，皮孔明显。单叶互生，通常簇生于枝端，纸质，椭圆形或椭圆状披针形，全缘，下面粉绿色，叶脉隆起。花多数，黄色，芳香，呈顶生头状花序，下垂；总花梗柔软，花梗无或极短；核果卵形，果皮革质，硬而脆。花期3～4月，果期8月。

【药效与应用】根、花入药。具有明目、祛障翳、养阴安神功效，用于治疗阴虚火旺、夜梦遗精、青盲、云翳、多泪、羞明、失音、白浊、虚淋、血崩和白带。①根15 g，煎服，治疗遗精、早泄、阳痿、风湿麻木、肾亏；②花3 g，煎汤或炖肉服，可治青盲、云翳和多泪。

了哥王（刁麻、山雁皮）

药材名：了哥王

Wikstroemia indica (Linn.) C. A. Mey.

【分布】生于山坡、丘陵、旷野和路旁的灌木丛中。分布于我国广东、海南、广西、福建、四川、云南等省区。

【特征】半常绿小灌木。茎皮富纤维，枝红褐色，无毛。单叶，对生，近无柄；叶片倒卵形至长椭圆形，顶端钝或短尖，基部楔形，全缘；干时褐色。花两性，数朵组成顶生的聚伞花序或近无柄的头状花序；花被黄绿色，管状，被疏柔毛，顶端4裂，裂片阔卵形或长圆形；雄蕊8枚，上下两轮着生于花被管内，花丝短，花药椭圆形；子房上位，花柱极短，柱头头状。果为核果，椭圆形，成熟时呈暗红色至暗紫黑色。

【药效与应用】全株入药。根部含树脂酸、甾醇、挥发油、树脂、南荛苷、牛蒡酚、罗汉松脂酸、松脂醇、南荛酚。用于治疗咽喉肿痛、肺热肺炎、痄腮、疔疮肿毒、水肿腹胀。近有用于治疗扁桃体炎、淋巴结炎、急慢性气管炎、百日咳、肝硬化腹水和宫颈炎。外用可治跌打损伤和皮肤炎症。

53. 桃金娘科　Myrtaceae

桃金娘（山棯）

药材名：桃金娘

Rhodomyrtus tomentosa (Ait.) Hassk.

【分布】在我国广东、广西、福建、台湾、江西、湖南、四川、贵州、云南等省区均有见。

【特征】常绿灌木。幼枝密被短幼毛。叶互生，具被毛短柄，叶片革质，椭圆形或倒卵形，顶端钝或圆，且常有微凹，基部阔楔形或楔形，全缘，下面密被灰白色短柔毛；为离基三出脉，网脉在下面很明显。花序腋生，总花梗有花1～3朵，基部有卵形的小苞片2枚；萼片5枚，圆形，花瓣5片，倒卵状圆形，雄蕊多数，子房下位，3室，柱头头状。浆果圆球形或椭圆状圆球形，顶端有宿萼，成熟时暗紫色，内有多数种子。

【药效与应用】叶和枝中所含鞣质达10.1%～12.8%。叶含蛇麻脂醇、羽扇豆醇、β-香树脂醇、β-香树脂酮、白桦脂醇。茎含蛇麻脂醇、α-香树脂醇、蒲公英赛醇、白桦脂醇。叶和茎均含菜油甾醇、豆甾醇、谷甾醇。果实含黄酮苷、氨基酸、有机酸和糖类。根、叶、花、果入药。味涩，性平。果具有补血、滋养、安胎功效；叶具有收敛止泻功效；根具有通经活络、收敛止泻功效。用于治疗急性胃肠炎、消化不良、水泻、菌痢、急慢性肝炎、风湿、腰肌劳损、孕妇贫血、病后体虚。花用于治疗鼻衄。

丁香

药材名：丁公香

Syzygium aromaticum (L.) Merr.

【分布】原产于马鲁古岛、马来西亚及非洲。在我国广东、广西均有栽培。

【特征】常绿乔木，高10 m。叶对生，有叶柄长卵形，全缘，花芳香，聚伞花序顶生，花萼肥厚，绿色后转紫色，长管状，花白色，稍带淡紫色，短管状。浆果红棕色，长方形，种子方形。

【药效与应用】花蕾含挥发油16%～19%。油中含丁香酚80%～87%、β-丁香烯、乙酰丁香油酚、甲基正戊酮、水杨酸甲酯、律草烯、苯甲醛、苯甲醇、乙酸苄酯。花蕾、根、树皮、枝、果实入药。花蕾（丁香）：味辛，性温。具有散寒止呕功效，用于治疗呃逆、腹痛、胃痛、吐泻。藏医用作暖脾胃、壮肾阳、降逆气。果实：温中，性散寒。用于治疗暴心气痛、胃寒哎逆、风冷齿痛、牙宣、口臭、妇人阴冷、小儿疝气。花挥发油、种子油：具暖胃、温肾的功效。用于治疗胃寒痛胀、呃逆、吐泻、痹痛、疝痛、口臭和牙痛等。

白千层（千层皮）

药材名：白千层

Melauca cajuputi Powell subsp. *cumingiana* (Turcz.) Barlow

【分布】原产于澳大利亚至东南亚地区。在我国广东、广西、福建和台湾等省区常有栽培。

【特征】常绿乔木，高达20 m。树皮灰白色，厚而疏松，可层层薄片剥落。单叶互生，长椭圆状披针形，长5～10 cm，有平行脉5～7条。花乳白色，花期1～2月。

【药效与应用】叶含挥发油约1.65%。油中主要成分为1，8-桉油素、丁醛、戊醛、苯甲醛、α-蒎烯、dL-柠檬烯、松油醇、甲基丁香酚、桦木素、丙酸。树皮含木质体54.2%，尚含树脂醇，也称白千层素。叶、树皮入药。树皮：味淡，性平。具有安神镇静、祛风止痛功效，用于治疗神经衰弱、失眠。叶：味辛、涩，性温。用于治疗风湿骨痛、神经痛、肠炎腹泻、过敏性皮炎和湿疹等。

海南蒲桃（乌墨）

药材名：乌墨

Syzygium cumini (L.) Skeels

【分布】生于我国广东、广西、福建、台湾和云南等省区。

【特征】常绿乔木，高达15 m。单叶对生，卵形至长椭圆形，长6～12 cm，侧脉密而明显。两面有小腺点。花白色。果球形，长1～2 cm，熟时紫黑色。

【药效与应用】花含鞣花酸、乙酰齐墩果酸、山柰酚、杨梅树皮素和三萜化合物优吉尼阿。树皮含桦木酸、β-谷甾醇。果实含芳香醛及酚类物质、葡萄糖、果糖、麦芽糖、矢车菊素。种子含蒲桃苷、鞣花酸、齐墩果酸、挥发油、鞣质、脂肪油、淀粉、树脂和糖类。花、果实、树皮入药。果实：味甘、酸，性平。具有收敛定喘、健脾利尿功效，用于治疗腹泻、哮喘、肺结核、气管炎。树皮：味苦、涩，性凉。具有收敛功效，用于治疗肠炎、腹泻和痢疾等。

蒲桃（水蒲桃）

药材名：蒲桃

Syzygium jambos (L.) Alston

【分布】生于我国台湾、福建、广东、广西、贵州、云南等省区。

【特征】常绿乔木，高达10 m。枝开展，树冠球形，树皮浅褐色、平滑。单叶对生，长椭圆状披针形，长10～25 cm，羽状侧脉至近边缘处汇合成边脉，革质有光泽。花绿白色，直径4～5 cm，萼片宿存，顶生伞房花序。果球形，淡绿色或淡黄色。花期4～5 月，果期7～8 月。

【药效与应用】树皮含鞣质、生物碱。根皮含蒲桃碱等生物碱和树脂。果皮、种子、树皮入药。果皮、叶、果实：味甘、涩，性平，气香。具有凉血、消肿、杀虫、收敛的功效，可治疗寒性哮喘、痢疾、腹泻、口疮、刀伤出血、疮疡和溃烂等。

水榕（水翁）

药材名：水榕 、水翁花

Cleistocalyx operculatum Merr. Et Perry

【分布】生于我国广东、广西、云南等省区。

【特征】常绿乔木，高达17 m。单叶对生，卵形至椭圆形，长8～21 cm。花小，复聚伞花序。浆果近球形，熟时紫黑色。花期6月，果熟期8～9月。

【药效与应用】叶和花含黄酮苷、酚类、氨基酸和糖类。花蕾、树皮、叶入药。味苦、涩，性凉，有小毒。具有清热解表、杀虫止痒、消滞功效，用于治疗感冒、菌痢、湿疹、脚癣、乳腺炎、皮肤瘙痒、枪炮伤和刀伤等。

细叶桉（小叶桉、窿缘桉）

药材名：桉叶

Eucalyptus exserta F. Muell

【分布】原产于澳大利亚。在我国云南、广东、广西、福建等省区有栽培，云南常见。

【特征】常绿乔木，高达30～45 m。树皮光滑，呈薄片状剥落。树干基部宿存粗糙，树皮、叶条状狭披针形，长8～16 cm。伞形花序，冬春开花。蒴果半球形，果盘隆起，果瓣4，突出。

【药效与应用】叶含挥发油0.5%～0.9%。挥发油中主要成分为1，8-桉油素18%、对-聚伞花素、蒎烯、水芹烯、枯茗醛。叶、果入药。味辛、微苦，性温。具有消炎杀菌、杀虫功效，用于预防流感、流行性乙型脑炎，可用于治疗疟疾、肠炎、腹泻、痢疾、皮肤溃烂、痈疮红肿、丹毒、乳腺炎、外伤感染、皮癣、神经性皮炎、气管炎、咳嗽、钩端螺旋体病等，可杀蛆和熏蚊等。

大叶桉（桉树）

药材名：桉叶

Eucalyptus robusta Smith

【分布】原产于澳大利亚。在我国广东、广西、福建、湖南、贵州、云南等省区有栽培，以两广尤多。

【特征】常绿大乔木，高达30 m。树皮粗厚，纵裂，不剥落。叶互生，卵状长椭圆形，长8～18 cm，全缘，革质，背面有白粉，叶柄扁，伞形花序，蒴果碗状，直径1 cm。

【药效与应用】鲜叶中含挥发油0.7%。挥发油中含α-蒎烯、1，8-桉油素、百里香酚、α-水芹烯、愈疮木酚。此外，尚含桉叶酸、苦味质、鞣、树脂。干叶含鞣花酸、酚类、甾醇和萜等。叶入药。味苦、辛、涩，性凉。有清热解毒、祛痰止咳、杀虫收敛功效，用于防治感冒、流感、流脑、痢疾、疮疖、急慢性肾盂肾炎、上呼吸道感染、丹毒、蜂窝织炎、深部脓疡、湿疹、小儿头疮、烧烫伤、神经性皮炎、创伤感染、肺结核等。

岗松（扫把枝、沙松）

药材名：岗松

Baeckea frutescens L.

【分布】生于丘陵地、山涧、沼泽地带。分布于我国华南大部分地区。

【特征】矮小灌木，稀为小乔木，高1～2 m。多分枝，秃净。单叶，对生，直立或扩展；叶片线状锥形，长5～10 mm，宽0.3～0.5 mm，先端尖，上面有槽，下面隆起，有透明腺点。花小，白色，单生于叶腋，基部有小苞2片，具短柄；花梗长1～1.5 mm；萼管钟形，5裂，长约1 mm，膜质，宿存；花瓣5，圆形，长约1 mm。蒴果长约1 mm，于上部开裂。种子有角。花期7～8月。

【药效与应用】叶含挥发油0.9%～1.8%。油中主要含α-蒎烯和β-蒎烯约4.2%、柠檬烯约6.7%、桉油素约19.6%、对-聚伞花素约2.7%、α-松油醇约2.6%、芳樟醇约15%、律草烯约1.9%、β-丁香烯、小茴香醇和岗松酚。叶中挥发油还含有龙脑、香茅醇、桃金娘烯醛。全草或根入药。味苦，性寒，无毒。有去瘀、止痛、利尿、杀虫功效，治疗跌打损伤、风湿骨痛、淋病、疥疮、脚癣。①单味煎熏洗，治脚癣、皮肤瘙痒；②根煎服，治风湿筋骨痛、胃痛腹胀、腹泻；③配地耳草、娃儿藤、葫芦茶，治肝硬化；④配茶树根、猕猴桃根、猪心，治心脏病。

番石榴（鸡屎果）

药材名：番石榴

Psidium guajava L.

【分布】原产于美洲。在我国南部常有栽培，也有野生分布，在金沙江、安宁河谷均可见群落。

【特征】常绿小乔木，高达10 m。树皮薄鳞片状剥落后仍较光滑，小枝四棱形。单叶对生，背面有柔毛，羽状脉在表面下凹。花白色，芳香。1～3朵生于总梗上，夏天开花。浆果球形或梨形。

【药效与应用】叶含挥发油约0.3%。挥发油中有丁午酚、已烯醇、已醛、苯甲酸酯、β-乙酸苯乙酯、肉桂酸甲酯、丁香酚及松油烯、松油醇。叶中又含槲皮素、番石榴苷、熊果酸、山楂酸。茎、叶、树皮、果实入药。味甘、涩，性平。具有收敛止泻、消炎止血功效，用于治疗急性肠炎、菌痢、消化不良、腹泻、刀伤出血、跌打、皮肤瘙痒、湿疹、虫牙痛、小儿盗汗、中耳炎。叶、果也可用于治疗糖尿病。

红千层（红刷子）

药材名：红千层

Callistemon rigidus R. Brown

【分布】人工栽培。产于我国广东、广西等地。

【特征】小乔木。叶片坚革质，线形，宽3～6 mm，油腺点明显。穗状花序生于枝顶，萼管被毛，萼齿半圆形；花瓣绿色，卵形，有油腺点；雄蕊红色，花药暗紫色，椭圆形；花柱先端绿色，其余红色。蒴果半球形，果瓣稍下陷。花期6～8月，果期9～10月。

【药效与应用】枝叶入药。味辛，性平。有祛风、化痰、消肿功效。主治感冒、咳喘、风湿痹痛、湿疹和跌打肿痛等。

洋蒲桃（金山蒲桃、南洋蒲桃）

药材名：莲雾

Syzygium samarangense (Blume) Merr. & L. M. Perry

【分布】人工栽培。产于我国广东、台湾及广西等省区。

【特征】乔木。叶片椭圆至长圆形，基部圆形，侧脉疏远；叶柄不很明显。聚伞花序顶生，有花3～6朵，花大；萼管倒圆锥形，萼齿4，半圆形，肉质，宿存；花瓣4片，逐片脱落，雄蕊极多。浆果梨形或圆锥形，果皮肉质，淡红色。种子具丰富胚乳。花期3～4月，果期5～6月。

【药效与应用】根、树皮、叶入药。叶及树皮：味苦，性寒。有泻火解毒、燥湿止痒功效，主治口舌生疮、鹅口疮、疮疡湿烂、阴痒等。根有利湿、止痒功效，主治小便不利、皮肤湿痒。

多香果（甜胡椒、甘椒）

药材名：众香

Piper. diocia Lindl.

【分布】原产于西印度群岛及中美洲。现主要产于牙买加、墨西哥、洪都拉斯、危地马拉、巴西及背风群岛等地。在我国云南、广东、海南等地有人工栽培。

【特征】高大常绿乔木，高8～10m。树干直立，树皮光滑，灰色，多分枝；圆锥形根系，主根发达；单叶对生，长椭圆形，簇生于枝的顶端；花小，白色，为聚伞花序；果近圆形，直径0.4～0.6cm，红褐色，大如普通青豌豆；种子腰形，红褐色，比绿豆小些。花果期1～6月，有时全年。

【药效与应用】浆果和叶片均含有芳香挥发油，鲜叶出油率为1.57%，主要化学组成为：甲基丁香酚(45.00%)，爱草脑(30.00%)，月桂烯(13.00%)，丁香酚(4.00%)，柠檬烯(3.00%)等。干燥种子入药。味辛，性温。具有多种芳香气味。浆果入肴调味，因具肉桂、白豆蔻和丁香三种香辛料风味，故为一种极有价值的调味品。可增香赋味，解异除恶，增进食欲。在饮料、食品、肉制品、腌渍品、汤类、冰激凌、糖果、果冻、布丁、焙烤食品、调味料中应用广泛。药用方面可作为高效防腐剂，有抗菌作用。众香子油是香料工业的重要原料，主要用于肥皂、洗涤剂、化妆品、香水中等。

54. 石榴科 Punicaceae

石榴

药材名：石榴

Punica granatum L.

【分布】生于向阳和排水良好的肥沃土壤，为庭园常见的栽培树种。分布于我国福建、台湾、广东、广西等省区。

【特征】落叶灌木或小乔木。树皮青灰色或淡黄绿色，有纵皱纹及横皮孔；幼枝近圆形或微四棱形，顶端常呈刺状，无毛。叶对生或簇生，具短柄；叶片矩圆状披针形至矩圆状椭圆形，先端渐狭，全缘，上面有光泽，无毛，下面有隆起的主脉。花梗单生或数朵生于小枝顶端或叶腋，花大；花萼钟状，肉质厚，红色。浆果近圆形，果皮肥厚革质，熟时红色或黄带红色，顶端有宿存花萼，内具薄隔膜。种子多数，倒卵形，有棱角，具红色肉质多汁的外种皮，内种皮革质，坚硬。花期5～6月，果期7～8月。

【药效与应用】果实含鞣质、蜡、甘露醇、黏液质、没食子酸、果胶、菊糖、石榴皮碱等。其煎剂体外实验具抗菌、抗病毒作用；石榴皮碱是驱虫的主要有效成分，对绦虫的杀灭作用最强，能使其肌肉陷入持久收缩。用于治疗久泻、久痢、便血、脱肛、崩漏、白带和虫积腹痛等。

55. 野牡丹科 Melastomataceae

野牡丹（豹牙郎木）

药材名：野牡丹

Melastoma candidum D. Don

【分布】生于山坡和旷野。分布于我国福建、广东、广西、台湾、云南、湖南等省区。

【特征】常绿灌木，高1～5 m。茎密被紧贴的鳞状粗毛。叶对生；叶片阔卵形，先端短尖，基部狭心形，上面密被紧贴的粗毛，下面密被长柔毛；叶柄紫色，被粗毛。花大而美丽，紫红色，生于枝梢，通常3朵聚生，有时单生或5朵聚生；蒴果壶状，外被粗毛；种子多数。花期7月，果期10月。

【药效与应用】全株入药，具有活血消肿、清热解毒、健脾止泻和止血祛瘀功效。可治跌打损伤、痈肿疔毒、乳汁不行、便血、衄血、月经量过多、风湿疼痛等。煎服用量15～25 g，或根泡酒服。外用适量，捣敷。①单叶煎服，治疗痈肿；②配金樱子根，治疗跌打损伤；③配忍冬藤，治疗膝盖肿痛；④根配夏枯草，治疗风湿性关节炎；⑤干果配炮山甲、通草、猪脚，治疗乳汁稀少；⑥果实炽炒黑煎服，治疗子宫出血。

56. 使君子科 Combretaceae

使君子

药材名：使君子

Quisqualis indica L.

【分布】生于平原灌木丛或路旁，亦有人工栽培。分布于我国四川、广东、广西等省区。

【特征】攀缘灌木，高2～8 m。幼株被黄褐色短柔毛。单叶对生，叶片长椭圆状披针形或卵状椭圆形，叶柄长5～15 mm，下部有关节，叶落后关节以下部分成为棘刺状。穗状花序顶生，直立或下垂。果实橄榄状，长2.5～4 cm，直径1.5～1.8 cm，黑紫褐色或深棕色，有5纵棱，种子1。花期5～9月，果期6～10月。

【药效与应用】种子含使君子酸钾、使君子氨酸、胡芦巴碱、1-脯氨酸、1-天冬素、有机酸、脂肪油等，果壳也含使君子酸钾。水浸剂对某些皮肤真菌有抑制作用。种子入药。用于治疗蛔虫病、蛲虫病、虫积腹痛、小儿疳积等。服药时忌喝浓茶。

诃子

药材名：诃子

Terminalia chebula Retz.

【分布】生于海拔800～1 540 m的疏林中或阳坡林缘。分布于我国广东、海南、广西、云南等省区。

【特征】乔木。树皮暗褐色，有纵裂。单叶互生或近对生，叶片卵形或椭圆形至长椭圆形，两面密被细瘤点。穗状花序顶生或腋生，常排成圆锥花序；花两性，萼管杯状，无花瓣；雄蕊10枚，着生于萼筒上，花黄色，心形；子房下位，1室，圆柱状，被毛，花柱长。核果椭圆形或倒卵形，表面灰黄色或黄褐色，粗糙；种子1粒。花期5月，果期7～9月。

【药效与应用】成熟果实含鞣质。药理实验表明，水煎剂对痢疾杆菌、绿脓杆菌、白喉杆菌、金黄色葡萄球菌、大肠杆菌、肺炎球菌、变形杆菌、鼠伤寒杆菌有抑制作用。果实入药。用于治疗久泻久痢、便血脱肛、肺虚喘咳、久咳不止、咽痛音哑等。

57. 山茱萸科 Cornaceae

山茱萸

药材名：山茱萸

Macrocarpium officinale (Sieb.et Zucc.) Nakai (*Cornus officinalis* Sieb. et Zucc.)

【分布】生于山坡疏林中或路边缘。产于我国山东、江苏、安徽、浙江、江西等省，广布于华中、西南东部及华北南部。

【特征】落叶乔木，高约10 m，常呈灌木状。树皮灰褐色。单叶对生，卵状椭圆形或卵形，长5～12 cm，宽3～6cm，全缘，两面被毛，下面较密，脉腋有黄褐色簇生毛，侧脉6～8对，上弯呈弧形。伞形花序腋生，花先叶开放，总苞片4片，花黄色。核果椭圆形，长1.2～2 cm，红色或紫红色，核骨质。花期4～5月，果期8～10月。

【药效与应用】果实入药。有补肝益肾、收敛固脱的功效。用于治疗头晕目眩、耳聋耳鸣、腰膝酸软、遗精、滑精、小便频数、虚汗不止、妇女崩漏等。

红端木（红柳条）

药材名：红端木

Cornus alba L.

【分布】生于河流两岸、溪旁针阔叶交林或阔叶林下及林缘。分布于我国东北、华北、西北和华东等地。在朝鲜、蒙古、俄罗斯等国也有。

【特征】落叶灌木，高可达3 m。冬季树皮暗红色；枝血红色，夏季青绿色，无毛，常被白粉；髓心大，白色。叶对生，卵形至卵圆形，长4～10 cm，宽2.5～5.5 cm，先端渐尖、锐尖或凸尖，基部通常为圆形、广楔形或偏斜，全缘，上面绿色，散生伏毛，下面灰白色，被伏毛（平贴着生的毛）；叶脉明显，5～6对；叶柄长0.5～2.5 cm。伞房状聚伞花序顶生，花小，黄白色；萼坛状，齿三角形；雄蕊4枚，花盘垫状；子房近倒卵形，疏被贴伏的短柔毛。核果斜卵圆形，花柱宿存，成熟时白色或稍带蓝紫色，两端尖、扁平。

【药效与应用】果实、树皮、根入药，有解毒消炎功效。可治疗肠炎、痢疾、中耳炎、结膜炎、麻疹不透、上呼吸道感染等。

梾木

药材名：梾木

Cornus macrophylla Wall.

【分布】生于山谷、山坡林中。产于我国山东、江苏、安徽、浙江、江西、福建及台湾等省，广布于华中、西南及山西等地。

【特征】落叶乔木，高约20 m。小枝红褐色，有棱，被疏毛。单叶对生，椭圆形或卵状椭圆形，长9～16 cm，宽4～8 cm，全缘或微波状，下面被短柔毛及灰色乳状凸起，侧脉6～8对。伞房状聚伞花序顶生，花白色。核果近球形，黑色，核扁球形，具2浅沟及6条纵肋纹。花期5月，果期7～10月。

【药效与应用】木材的心材有活血止痛、养血安胎的功效，用于治疗跌打骨折、瘀血肿痛、血虚萎黄、胎动不安等。树皮有祛风通络、舒筋活络的功效，用于治疗风湿痹痛、劳伤腰腿痛、肢体瘫痪。叶有祛风通络、疗疮止痒的功效，用于治疗风湿痛、中风瘫痪、疮疡和风疹等。

灯台树

药材名：灯台树

Cornus controversa Hemsl.

【分布】生于山坡、山谷杂木林中。产于我国山东、江苏、安徽、浙江、江西、福建及台湾等，广布于华中、华南、西南及辽宁、河北等地。

【特征】落叶乔木，高达15 m。树皮暗灰色。小枝紫红色，被疏毛。单叶互生，宽卵形或宽椭圆形，全缘，下面密被白色短柔毛，侧脉6～7对，近叶缘处网结，叶柄紫红色。伞房状聚伞序顶生，花白色，花瓣4枚，长披针形。核果近球形，紫红色或蓝黑色，核的顶端有1个方形小孔。花期5～6月，果期7～10月。

【药效与应用】树皮或根皮、叶、果实入药。味淡，性平，有毒。有清热平肝、消肿止痛的功效。用于治疗头痛、眩晕、咽喉肿痛、关节酸痛、跌打损伤、肝炎、肠燥便秘、蛔虫病等。

四照花

药材名：四照花

Dendrobenthamia japonica (DC.) Fang var. *chinensis Fang* (Osbom)

【分布】生于山坡、山谷杂林中。产于我国江苏、安徽、浙江、江西、福建等省，分布于内蒙古东南部、山西南部、河南及长江流域以南至西南。

【特征】落叶乔木或灌木，高2～10 m。幼枝被白色柔毛。单叶对生，卵状椭圆形或卵形，长5.5～12 cm，宽3～5.5 cm，全缘，两面均被毛，下面较密，脉腋簇生淡褐色毛，侧脉4～5对。头状花序圆球形，具花30～50朵，黄色，总苞片4片，白色，长3～4 cm。核果密集，藏于由花托发育而愈合的球形果序中，橙红色或紫红色，直径1.5～2.5 cm，果序梗长约6 cm。花期5～6月，果期9～10月。

【药效与应用】树皮、叶和花、根、果实入药。有清热解毒、收敛止血的功效。皮、叶和花用于治疗痢疾、肝炎、水火烫伤、外伤出血；根用于治疗肺热咳嗽；果实用于治疗蛔虫腹痛、饮食积滞等。

58. 卫矛科　Celastraceae

卫矛

药材名：鬼箭羽

Euonymus alatus (Thunb.) Sieb.

【分布】生于山野或栽培于庭园。分布于我国华北、华中、华东及西南各地。

【特征】落叶灌木。全体光滑无毛，分多枝。小枝常呈四棱形，带绿色，健壮的枝上常生有扁条状木栓翅，翅宽达1 cm，棕褐色。单叶对生，倒卵形至椭圆形或广披针形，稍膜质，先端短尖或渐尖，基部锐形或楔形，边缘具密而细锐的锯齿；上面有光泽，深绿色，下面淡绿色，秋季呈红色，主脉在叶两面均稍隆起。聚伞花序通常由3朵花组成，花小，两性，淡黄绿色，蒴果椭圆形，表面光滑，绿色或紫绿色。种子淡褐色，椭圆形或卵形，外被橘红色假种皮。花期5～6月，果熟期9～10月。

【药效与应用】晒干卫矛的带翅嫩枝或枝翅，含豆甾醇等甾类、卫矛醇及香橙素、D-儿茶素、支氢双儿茶素等黄酮类成分。动物实验表明，水煎剂有降血糖作用。临床给糖尿病人口服，100～1 000 mg，有一定疗效。枝条入药。全年可采，割取枝条和除去嫩枝及叶后晒干，或收集其翅状物。用于治疗月经不调、产后瘀血腹痛、跌打损伤肿痛、虫积腹痛等。

雷公藤

药材名：雷公藤

Tripterygium wilfordii Hook.f.

【分布】生于山坡林中。产于我国江苏、安徽、浙江、江西、福建等省，广布于长江以南各地。

【特征】落叶藤状灌木。小枝棕红色，常具4～6细棱，密生疣状孔皮及锈色短毛。单叶互生，椭圆状卵形或倒卵状椭圆形，长4～7 cm，宽3～4 cm，具细锯齿，下面沿叶脉被锈色绒毛，叶柄被锈色短毛。聚伞状圆锥花序，顶生或腋生，长5～7 cm，花序轴、分枝及花柄均被锈色毛，花瓣5枚，白色。蒴果长圆形，具3个膜质翅，翅上有斜生侧脉。花期5～6月，果期9～10月。

【药效与应用】根的木质部入药(有剧毒，慎用)。有祛风除湿、活血通络、消肿止痛、杀虫解毒的功效。用于治疗类风湿性关节炎、风湿性关节炎等。

南蛇藤（过山风）

药材名：南蛇藤

Celastrus orbiculatus Thunb.

【分布】生于山沟、山坡灌木丛中。分布于我国东北、华北、西南、西北地区及湖北、广西、广东等省区。

【特征】落叶攀缘灌木。小枝圆柱形，灰褐色或暗褐色。单叶互生，叶片近圆形至广倒卵形、长椭圆状倒卵形，边缘有钝齿，下面叶脉隆起，有时具有短柔毛。腋生短聚伞花序，花淡黄绿色，雌雄异株。蒴果球形。种子卵形至椭圆形。花期4～5月，果熟期9～10月。

【药效与应用】 茎、根、果壳入药。茎有祛风除湿、活血通经的功效，可治疗风寒湿痹、四肢麻木、小儿惊风、血瘀经闭、痔疮和痢疾等。根和果壳可治疗无名肿毒。果实可治疗失眠症；配石楠藤、八角枫根、千年健等，可治疗风湿骨痛。

59. 桑科 Moraceae

二色菠萝蜜（红山梅、沙雷子）

药材名：半枫荷根

Artocarpus styracifolius Pierre.

【分布】多生于低海拔处的山坡、平地和丘陵的疏林或密林中。分布于我国台湾、福建、广东和广西等省区。

【特征】常绿乔木，高达20 m。叶革质，2列，互生，椭圆形、长圆形或倒卵状椭圆形，顶端渐尖，渐尖部分长可达2 cm，但嫩叶的边缘常为羽状浅裂，前面有苍白色粉末状的毛，干时腹面浅灰绿色，背面浅灰白色。花序生于叶腋；聚花果球形，直径达4 cm，黄色，干时褐色，有柔毛，表面着生很多弯曲、圆柱形、长达5 mm、宽0.5 mm的凸出体。花期6～8月，果期8～12月。

【药效与应用】根入药，有祛风活血、除湿消肿的功效，可治疗风湿痹痛、腰肌劳损、手足麻痹、跌打损伤、产后中风等。

桂木（大叶胭脂、红桂花）

药材名：桂木

Artocarpus mitidus Trec, ssp. *lingnanensis* (Merr). Jarr.

【分布】 产于我国广东、海南、广西等省区。

【特征】 常绿乔木，高8～15 m。叶互生，革质，椭圆形，长5～15 cm。树干黑褐色，树冠开展，春至夏初开花，夏至秋果熟，酸可食。

【药效与应用】 果实入药。味甘、酸，性平。具有清肺、生津、止咳、止血的功效。用于治疗胃炎、食欲不振、风湿痹痛和跌打损伤等。

菩提树

药材名：菩提树皮

Ficus religiosa L.

【分布】 原产于印度。在我国广东和云南南部均有人工栽培。

【特征】 常绿乔木，高达20 m。叶薄，革质，卵圆形，长7～17 cm，先端长尾尖，叶基部三出脉，叶柄长，叶常下垂。

【药效与应用】 皮含苷、树脂和微量生物碱，并含β-谷甾醇-D-葡萄糖苷。树皮、乳汁和花均供药用。用树皮的汁漱口，可治疗牙痛和固齿龈；花能解热，用作发汗药和镇痉药。树皮入药。①树皮提取液，对四氧嘧啶性糖尿病的家兔有降血糖作用；②树皮中提出的植物甾醇成分，对小鼠有中枢兴奋作用，能增加体温及氧消耗，并能降低血糖；③树皮的热水提取物，对多种动物的小肠和子宫平滑肌有松弛和解痉作用，能阻断乙酰胆碱对心血管的作用。

桑

药材名：桑椹子、桑叶、桑白皮、桑枝

Morus alba L.

【分布】原产于我国，现广植于各地，长江以南尤为多见。

【特征】落叶乔木，通常成灌木状。根褐黄色。叶互生，卵圆形至广卵形，边缘有粗齿，下面沿脉有疏毛；托叶披针形，早落。花单性异株或同株；雄花集成柔荑花序，早落，花被片4，黄绿色，雄蕊4枚，与花被片对生；雌花集成穗状花序，排列紧密，花被片4，果实变肉质，子房1室，柱头2裂，宿存。聚花果（桑）熟时紫黑色或白色。花期4～5月，果期5～6月。

【药效与应用】叶入药：味苦、甘，性寒。具有散风热、清肝明目的功效，用于治疗风热感冒、咳嗽、头晕头痛、目赤。根皮（桑白皮）入药：味甘，性寒。具有泻肺、利水的功效，用于治疗肺热喘咳、面目浮肿、尿少。嫩树（桑枝）入药：味微苦，性平。有祛风湿、利关节的功效，用于治疗肩臂、关节酸痛及麻木。果实（桑）入药：味甘、酸，性温。具有补肝益肾、养血生津的功效，用于治疗头晕、目眩、耳鸣、心悸、头发早白、血虚便秘。用桑捣汁煎过，同药曲酿成的酒（桑酒），能补五脏、明耳目。树皮中的白色液汁（桑皮汁）入药：味苦、性微寒，用于治疗痈疖、瘿瘤、外伤出血、蜈蚣咬伤。叶的蒸馏液（桑叶霜），可治疗目疾红筋、去风清热。木材烧成的灰（桑柴灰）入药：味辛，性寒，有小毒。用于治疗水肿、金疮出血、目赤肿痛。桑柴灰汁经过滤蒸发后所得的结晶状物（桑霜），可治疗噎食积块。枝条经烧灼后沥出的汁液，可治疗大风疮疥、生眉发。桑老则树生瘿，能去风痹诸湿；浸酒用，可治疗胃病。

五指毛桃（粗叶榕）

药材名：五指毛桃、五爪龙

Ficus simplicissima Lour.

【分布】生于我国南部及西南部等地区。

【特征】常绿灌木，稀为小乔木。全株多被锈色或黄色刚毛和贴伏的硬毛；嫩枝圆柱状，常中空。叶互生，纸质，为长圆状披针形或卵状椭圆形，有时为阔卵形，顶端短尖或渐尖，基部圆形或心形，常3～5深裂或浅裂，间有不规则分裂，很少浅波状或不裂，叶缘和裂片边缘有锯齿，两面粗糙，常有凸点；基出脉3～5条，偶有7条，中脉每边有侧脉4～7条；托叶卵状披针形。隐头花序腋生或生于无叶老枝上，几乎全年可见，球形，顶端有脐状凸起，无总花梗。

【药效与应用】根入药。含挥发油、氨基酸、糖类、甾类、香豆精、生物碱及有机酸等。水煎剂、乙醇提取物等对小鼠有较好的镇咳、祛痰作用；对金黄色葡萄球菌、甲型链球菌有较好的抑菌作用。用于治疗气血两虚，病后脾虚气弱，肺虚咳嗽，慢性肝炎，儿童营养不良等。

对叶榕（大种牛奶树）

药材名：对叶榕

Ficus hisdpida L.

【分布】生于平原、丘陵、山谷和溪边。分布于我国广东、广西、云南等省区。

【特征】灌木或小乔木。具乳汁。幼枝被刚毛，中空。叶革质，常对生；叶片卵形、倒卵形或长圆形，全缘或具不规则细锯齿，或仅顶部具锯齿，两面均粗糙，上面疏被稀刚毛，下面密被粗毛；托叶阔披针形，早落。花托（隐头花序）聚生于老树干或由枝干发出的无叶枝条，扁球形或陀螺形，成熟时黄色，具柄，被粗毛。小坚果，骨质。花期6～7月。

【药效与应用】根、叶入药，具有清热利湿、消积化痰、行气散瘀的功效，可治疗感冒发热、支气管炎、消化不良、痢疾、跌打肿痛等。煎服15～30 g（鲜品30～60 g），外用适量，捣敷或煎洗，可治背痛。

柘（柘树）

药材名：柘

Cudrania tricuspidata (Carr.) Bur. ex Lavallee

【分布】 生于向阳山坡灌丛或林缘。产于我国山东、江苏、安徽、浙江、江西、福建等省，广布于华中、西南及山西、河北等省区。

【特征】 落叶乔木或灌木，高达10 m。植物体具白色乳汁，树皮常淡灰褐色。小枝无毛，具枝刺，刺长0.5～2 cm。单叶互生，卵形或菱状卵形，长5～14 cm，全缘或2～3裂，两面无毛。花单性，雌雄异株，均为头状花序，腋生。聚花果近球形，肉质，直径约2.5 cm，成熟时橙黄色至橘红色。花期5～6月，果期6～7月。

【药效与应用】 树皮或根皮，有补肾固精、凉血舒筋的功效，用于治疗腰痛、遗精、咯血、跌打损伤；茎叶有消炎止痛、祛风活血的功效，用于治疗流行性腮腺炎，肺结核，急性关节扭伤；果实有清热、凉血、舒筋活血的功效；用于治疗跌打损伤；木材用于治疗妇女崩中血结、疟疾等。

菠萝蜜（树菠萝）

药材名：菠萝蜜

Artocarpus heterophyllus Lam.

【分布】原产于印度至马来西亚一带，现广植于热带地区。在我国广东、广西和云南东南部均有人工栽培，尤以海南省为盛。

【特征】常绿乔木，高15 m。有乳汁。小枝有环状托叶痕。单叶互生。花单性同株，生于树干上。聚果大型。

【药效与应用】果实含糖、维生素C、胡萝卜素、环木菠萝烯酮、环木菠萝烯醇，木材含树脂及环菠萝蜜素。果实、叶、种仁入药。①果实：味甘、微酸，性平，无毒。具有止渴除烦、醒酒、益气的功效。②叶：磨粉敷创伤，有散结消肿、止痛的功效，用于治疗疮疖红肿或疮疖红肿引起的淋巴结炎。③种仁：能益气、通乳，用于治疗产后乳少或乳液不通。

榕树（小叶榕）

药材名：榕树叶、榕树须

Ficus microcarpa L.

【分布】生于我国浙江南部、江西南部、福建、台湾、广东、广西、贵州和云南中部。

【特征】常绿乔木，高20～25 m。多须状气根。叶椭圆形，长6～8 cm。

【药效与应用】本植物含酚类、氨基酸、有机酸和糖，“咳特灵”主要成分由叶中提取。①气生根、叶（榕须）入药：味微苦，性平，具有祛风除湿、调气通络的功效，用于治疗风湿性关节痛、疝气、胃痛、久痢等症；②叶入药：性、味同根，用于治疗头晕、夜啼、牙痛、乳痛、烫伤、子宫癌；③果实、乳汁入药：味甘，性平，能消肿解毒、治疮疖；乳汁治疣。

无花果

药材名：无花果

Ficus carica L.

【分布】原产于地中海沿岸和西亚南亚地区。在我国中、南部各省区均有人工栽培。

【特征】落叶灌木或小乔木。具乳汁。多分枝，小枝粗壮，表面褐色，被稀短毛。叶互生，倒卵形或近圆形，宽与长几相等，3～5裂，少不分裂，基部心形，裂片倒卵形，顶端钝，有不规则细齿；掌状脉明显，上表面粗糙，下表面有毛；厚革质。隐头花序单生于叶腋，梨形，成熟时带绿色或青褐色。花白色，瘦果三棱状卵形。花期夏季，隐头果成熟期秋季。

【药效与应用】果实、叶入药。①本品水提取液，经丙酮处理后，对艾氏肉瘤有抑制作用；②石油醚撮物经多种动物试验，均有降压作用；③生食无花果，因其所含酵素能帮助消化，多食可致缓泻；④本种为抗有毒气体较强的树种，在离二氧化硫扩散源200 m内，能正常生长并结果，可在大气污染较严重地区栽植；⑤据报道，无花果的提取物，可用于治癌；⑥无花果叶中含有较高量的补骨脂素类化合物，在前苏联用作治疗白癜风的原料植物。根、叶：味微辛，性平，有解毒消肿的功效，根治筋骨疼痛、痔疮、颈淋巴结核；叶治痔疮发炎、肿毒、心痛；果实：味甘，性凉，有润肺止咳、清热润肠的功效，用于治疗咳喘、咽喉肿痛、痔疮和倒闭等。

琴叶榕

药材名：琴叶榕

Ficus pandurata Hance

【分布】 产于我国安徽、浙江、江西、福建等省，广布于华中、华南及云南东南部。

【特征】 生于灌丛或林中，落叶灌木，高1～2 m。幼枝密被短柔毛，后脱净。植物体具乳汁。单叶互生，纸质，提琴形或倒卵形，长4～8 cm，先端急尖或短尖，中部缢缩，上面无毛，下面叶脉被毛及小瘤点。花序托单生或成对生于小枝上部叶腋。隐花果卵圆形，成熟时紫红色，直径约1 cm，顶端脐状，总柄纤细。花期6月，果期9月。

【药效与应用】 根和叶入药，味甘、性温，有祛风理湿和瘀通乳的功效。用于治疗黄疸、疟疾、妇女痛经、乳痈，腰背酸痛，以及跌打损伤等。

构树

药材名：构树、楮实

Broussonetia Papyrifera (L.) LHerit ex Vent.

【分布】生于我国黄河、长江及珠江流域各地。

【特征】落叶乔木，高达16 m。树皮浅灰色，不易开裂。小枝密丝状刚毛。单叶互生，卵形，长8～20 cm。花单性异株。聚果球形，熟时橙红色。构树对有毒气体（二氧化硫和氯气）抗性强，可在大气污染严重地区栽植，并可绿化工厂环境。

【药效与应用】果实含皂苷和对香豆酸（p-coumaric acid）；种子油含饱和脂肪酸、油酸、亚油酸。根或根皮入药：味甘，性微寒，无毒，具有清热、凉血、利湿、祛瘀的功效，用于治疗咳嗽、吐血、水肿、血崩和跌打损伤。茎（楮茎）即树枝入药：可治疗风疹、目赤肿痛、小便不利。树皮（楮树白皮）入药：味甘，性平，有行水、止血的功效，用于治疗水肿气闷、气短咳嗽、肠风血痢、妇人血崩。乳汁（楮皮间血汁）可治疗水肿，外用取汁涂疮癣和虫咬处。叶（楮叶）入药：有凉血、利水的功效，用于治疗吐血、衄血、血崩、外伤出血等。果实（楮实）种子（楮实子）入药：味甘，性寒，无毒，有滋肾、清肝、明目的功效，用于治疗虚劳、目昏、目翳和水气浮肿。

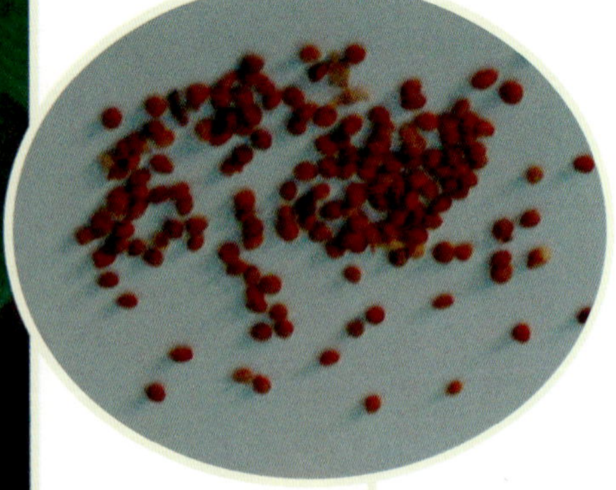

见血封喉（毒树）

药材名：见血封喉

Antiaris toxicaria Lesch.

【分布】生于我国广东南部、海南、广西西部及云南南部等地。

【特征】常绿乔木，高15～25 m。叶长椭圆形，长8～15 cm。

【药效与应用】种子、乳汁入药。种子含强心苷，主要有见血封喉苷、见血封喉阿洛糖苷、毒毛旋花子阿洛糖苷、铃兰毒苷、杠柳阿洛糖苷、铃兰毒苷、马来毒箭木苷、铃兰苷。本种有剧毒，慎用。国家二级保护植物，在医药上有研究价值。乳汁入药：有强心、催吐的功效。种子入药：可解热和治痢疾。

天仙果

药材名：天仙果

Ficus erecta Thunb. var. *beecheyana* (Hook. et Arn.) King

【分布】生于溪边、山谷林下或林缘。产于我国江苏、安徽、浙江、江西、福建、台湾等省，广布华中及华南各省区。

【特征】落叶灌木或小乔木，高达7 m。树皮灰褐色，小枝密被硬毛。植物体具乳汁。单叶互生，倒卵状椭圆形，长7～20 cm，上面疏生粗毛，下面近无毛，侧脉在近叶缘处网结，掌状脉三出，叶柄长1～4 cm，纤细，密生白色硬毛。花单性，雌雄异株，花序托单生于叶腋。隐花果近球形或梨形，直径1～1.5 cm，成熟时黄红色或紫黑色，密被柔毛。花期4～5月，果期8～9月。

【药效与应用】根有活血、祛风、除湿、健脾益气的功效，用于治疗劳倦乏力、乳汁不下、月经不调、关节风湿痛、脱肛、跌打损伤。茎叶有补中益气、健脾化湿、活血解毒的功效，用于治疗风湿关节痛、中气虚弱、经闭、乳汁不通。果实用于缓下、润肠。

黄毛榕

药材名：黄毛榕

Ficus fulva Reinw.

【分布】生于溪边、山谷林中。分布于我国福建、广西、广东等省区。

【特征】常绿小乔木或灌木。小枝圆柱形，中空，密生锈色长硬毛。叶卵形或宽卵形，长16～33 cm，宽15～27cm，先端骤尖，3～5浅裂或深裂，基部心形，边缘有锯齿，基出脉5～7条，上面无毛，下面密生短柔毛，在脉上有褐色或黄褐色长硬毛；叶柄长3～8 cm，密生长硬毛。花序托成对腋生，无梗，球形，直径约1.5cm，具明显脐状突起，密生锈色或褐色糙毛。

【药效与应用】树皮、根入药。味甘，性平。有消肿、止泻、强筋骨、健脾益气、活血祛风的功效，可治疗风湿痹症之筋疼痛、气血虚弱、子宫下垂、脱肛、水肿、便溏、支气管炎、咳嗽等。

薜荔（王不留行）

药材名：广东王不留行、络石藤

Ficus pumila L.

【分布】普遍分布于我国华东、华南和西南各地。

【特征】常绿藤木。借气根攀缘，小枝有毛，叶椭圆形，长4～10 cm，果梨形，长5 cm。

【药效与应用】茎枝含内消旋肌醇、芸香苷、β-谷甾醇、蒲公英赛醇乙酸酯及β-香树脂醇乙酸酯，叶含佛手柑内酯，并含多糖、无色矢车菊素。根、茎枝入药：味苦、涩，性平，有祛风除湿、舒筋通络的功效，用于治疗头痛眩晕、关节风湿痛、坐骨神经痛、睾丸炎等。叶入药：味微酸，可消肿散结，用于漆过敏及无名肿毒。果实入药：味甘，性凉，有通乳、利湿、活血、消肿的功效，用于乳汁不足、乳糜尿、淋浊、便血。乳汁有壮肾固精之效，又可作消炎药，治恶疮痈疽、一切疥癣。

野酒花（啤酒花）

药材名：野酒花

Humulus lupulus L.

【分布】多为人工栽培。生于我国东北、华北及山东等地。

【特征】落叶多年生缠绕藤本，长可达10 m。全株有倒钩刺。茎枝和叶柄密生细毛。叶纸质，对生，卵形，3裂，宽4～8 cm，基部心形或圆形，边缘有粗锯齿，上面密生小刺毛，下面有疏毛和黄色小油点，叶柄长不超过叶片。花单性，雌雄异株，雄花排列成圆锥花序，花被片和雄蕊各5枚，雌花每2朵生一苞片于腋部，苞片覆瓦状排列成一近圆形的穗状花序。果穗呈球果状，宿存苞片膜质且增大，有油点，近无毛，内包扁平的瘦果1～2个。花含氢草二烯酮、氢草酮、蛇麻酮、鞣质、挥发油等。

【药效与应用】果穗、花、枝叶入药，有疏散风热，清肺润燥，清肝明目的功效。内服煎汤或泡水当茶饮，可治疗消化不良、腹胀、浮肿、膀胱炎、肺结核、失眠等。

60. 大戟科 Euphorbiaceae

山麻杆

药材名：山麻杆

Alchornea davidii Franch

【分布】我国陕西及长江流域均有生长。

【特征】落叶丛生灌木，高1～2 m。茎直立而少分枝，常紫红色，有绒毛。单叶互生，圆形或广卵形，长7～17 cm，缘有齿，基部心形，背面有绒毛，花单性同株，无花瓣。

【药效与应用】茎、叶、皮入药。味淡，性平。具有解毒、杀虫和止痛的功效。用于治疗疯狗咬伤、蛔虫病和腰痛等。

算盘子（红毛、馒头果）

药材名：算盘子

Glochidion puberum (L.) Hutch.

【分布】生于山坡灌丛中。我国河南、陕西、甘肃至江南各省区均有分布。

【特征】灌木，高1～2 m。小枝灰褐色，密被黄褐色短柔毛。叶矩圆形至矩圆状披针形，基部楔形，表面除中脉外无毛，下面密被短柔毛。花小，单性，雌雄同株或异株，无花瓣，2～5簇生叶腋；萼片6，雄花无退化子房，雄蕊3；雌花子房通常5室。蒴果扁球形，有显明的纵沟槽，被短柔毛。花期6～9月，果期7～10月。

【药效与应用】叶、果实、根入药。味苦、涩，性凉，有小毒。有清热利湿、解毒消肿的功效，用于治疗痢疾、黄疸、疟疾、疝气、淋浊、腰痛、痈疖、漆疮、皮疹瘙痒、崩漏、带下、喉痛、牙痛、跌打损伤等。煎服，枝叶25～50 g；根25～100 g；或研末服。外用适量，煎洗或捣敷。孕妇忌服。

巴豆（双眼龙）

药材名：巴豆霜、巴豆

Croton tiglium L.

【分布】生于我国浙江、福建、台湾、湖北、湖南、广东、广西、四川、贵州、云南等省区。

【特征】常绿小乔木。树皮深灰色，平滑，幼枝绿色，被稀疏星状柔毛；老枝具不明显黄色细纵裂纹。叶互生，托叶早落；叶片卵形，顶端渐长尖，基部圆形或阔楔形，叶缘有疏浅细锯齿，两面均具稀疏星状毛，掌状三出脉，近叶柄两侧各有一无柄腺体。花小，单性，雌雄同株，顶生总状花序，花绿色，雄上雌下，花梗有星状毛。蒴果长圆形至倒卵形，有3～4钝棱，密生星状毛。种子长卵形，淡褐色。花期3～6月，果期6～9月。

【药效与应用】种子含脂肪油（巴豆油）53%～57%，蛋白质18%，其中含有毒蛋白质，巴豆毒素另含巴豆苷氨基酸和酶等。巴豆油中有油酸约37%，亚油酸约19%，肉豆蔻酸约7.45%，花生酸约1.5%，棕榈酸约0.9%，硬脂酸约0.3%，月桂酸约0.05%，巴豆酸顺芷酸等脂肪酸。①叶、种子油入药：味辛，性温，有毒。具有温中散寒、祛风活络的功效。②根入药：可治风湿性关节炎、跌打肿痛、毒蛇咬伤。③叶入药：外用治冻疮，可杀孑孓、蝇蛆。④种子（巴豆）入药：有大毒。具有峻下积滞、逐水消肿的功效，用于治疗寒积停滞、胸腹胀痛、水肿、喉风、痹、胸腹痞积。外治疮、癣、疣、痣。种子油：为强烈泻剂，有毒。体弱者和孕妇忌服。

红鱼眼（烂头钵、小果叶下珠）

药材名：山兵豆

Phyllanthus reticulatus Poir.

【分布】生于路旁和山谷。分布于我国广东、广西、海南、云南等省区。

【特征】常绿直立或攀缘灌木，高1.5～5 m。茎褐色，无毛。叶互生，叶片宽椭圆形至宽卵形或近圆形，顶端急尖或钝圆，基部钝圆，边缘背卷，下面主脉略带紫色；托叶三角状钻形，后期略呈刺状。通常1朵雌花或2～3朵雄花同生于小枝的叶腋。果近球形，浆果状，红色。花期5～7月，果期6～9月。

【药效与应用】根、茎、叶入药。有小毒。用其木材切片晒干，煎服或浸酒内服。可祛风活血、散瘀消肿。用于治疗风湿关节痛、跌打损伤。

石栗（油果）

药材名：石栗

Aleurites moluccana (L.) Willd.

【分布】我国福建、台湾、广东、广西和云南等省区均有。

【特征】常绿乔木，高达13 m。幼枝、花序及叶均被浅褐色星状毛。单叶互生，卵形，长10～20 cm，全缘3～5浅裂，表面有光泽，叶柄端有淡红色小腺体。花小，雌雄同株，白色成圆锥花序。核果肉质卵形，长5～6 cm。

【药效与应用】树皮含鞣质。种仁含油（不能食用）、脂肪酸和亚油酸，油酸，花生油酸，棕榈酸，硬脂酸。其辛辣树脂有致泻作用。种子可治疝气。叶味微苦，性寒，有小毒。具有活血和止血的功效，用于治疗刀伤出血。

白背叶（白背桐、野桐）

药材名：白背叶

Mallotusapelta (Lour.) Muell. -Arg.

【分布】生于山谷、村边、路旁、灌木丛或草丛中。分布于我国广东、广西、福建和湖南等省区。

【特征】落叶灌木或小乔木。小枝、叶柄和花序均被灰白色星状绒毛。叶互生，圆卵形，先端渐尖，基部近截形或短截形，具2腺点，全缘或不规则3裂，有稀疏钝齿，上面近无毛，下面灰白色，密被星状绒毛，有细密棕色腺体。圆锥花序顶生或腋生，被黄褐色绒毛；花单性，雌雄异株；雄花簇生。雌花单生。蒴果近球形，密生羽毛软刺。种子细小，圆形，黑色，有光泽。花期6～7月，果期10～11月。

【药效与应用】根含酚类、氨基酸、鞣质、糖类和甾类成分，临床可治疗慢性肝炎，对降低转氨酶和缩小肝、脾有一定作用。叶、根及根茎入药。味微苦、涩，性平，根有小毒。有清热平肝，健脾化湿功效。用于治疗慢性肝炎、肝脾肿大、肠炎、脱肛、淋浊、疝气、子宫下垂、白带、目赤肿痛。外用适量，浸酒滴耳，治疗耳内流脓。

红背桂花（天黑地红）

药材名：红背桂

Excoecaria cochinchinensis Lour.

【分布】生于我国广东、广西、云南。

【特征】常绿灌木，高1～2 m。全体无毛，单叶对生，狭长椭圆形长6～13 cm，先端尖，缘有小齿，表面深绿色，背面紫红色，有短柄，花单性异株，蒴果球形。

【药效与应用】全树入药。味辛、微苦，性平，有小毒。有通经活络、止痛的功效。用于治疗麻疹、腮腺炎、扁桃体炎、心绞痛、肾绞痛和腰肌劳损等。

变叶木（洒金榕）

药材名：变叶树、变叶木

Codiaeum variegatum (L.) Bl.

【分布】我国南部各省区均有人工栽培。

【特征】常绿灌木或小乔木。枝上有大而明显的圆叶痕，叶形变化大，披针形、椭圆形或匙形，不分裂或叶之中部中断，绿色、红色、黄色或杂色。花小，单性同株。

【药效与应用】叶入药。味苦，性寒，有毒。有散瘀消肿、清热理肺的功效。用于治疗肺气上逆证、痈肿疮毒、毒蛇咬伤等。

细叶变叶木

Codiaeum variegatum (L.) Bl. f. taenicosum Muell.-Arg.

本品分布、功效均同变叶木，叶入药。

蓖麻（山蓖麻）

药材名：蓖麻子

Ricinus communis L.

【分布】原产于北非。我国各地均有人工栽培。

【特征】常绿小乔木。单叶互生，掌状3～11裂，缘有齿，叶柄长，盾状着生。花单性同株，无花瓣，圆锥花序。蒴果球形，有刺。

【药效与应用】全株含多种糖，如蔗糖、葡萄糖、果糖及微量的鼠李糖、木糖、棉籽糖。叶含酒石酸、枸橼酸、苹果酸、延胡索酸及多种氨基酸。另含芸香苷约0.2%、槲皮苷、异槲皮苷、紫云苷、β-桐油酸、亚油酸、油酸及饱和有机酸类。鲜叶尚含云实素、没食子酸和莽草酸等。种子含蓖麻油约50%，其主要成分为蓖麻油酸甘油酯约80%、三油酸甘油酯、三硬脂酸甘油酯、硬脂酸二蓖麻油酸。根、叶、种子入药：味甘、辛，性寒，有毒。有通窍、泻积滞、消肿拔毒的功效。根、叶：用于消炎杀菌、拔脓。种子：外敷治口眼歪斜、淋巴结核等。

油甘（余甘子）

药材名：余甘子

Phyllanthus emblical L.

【分布】生于山坡林下或溪旁灌丛中。分布于我国广东、福建、海南等省。

【特征】落叶灌木或小乔木。老枝灰褐色；小枝纤细，通常1～3条自枝的节上发出，被锈色短柔毛，落叶时整个小枝脱落。单叶互生，托叶线形，通常紧密排成2列，似羽状复叶，叶片长圆形，顶端钝，基部圆或偏斜，无毛，几无柄。花小，单性，雌雄同株，无花瓣，3～6朵簇生于叶腋；雌花花盘杯状。蒴果，无毛，干后开裂成6片。花期4～5月，果期9～10月。

【药效与应用】树皮、根、果含蛇麻脂醇、无色飞燕草素、鞣质等。100%浓煎液对金黄色葡萄球菌、乙型溶血性链球菌、绿脓杆菌等均有体外抗菌作用。果实、树皮入药。味甘、酸、涩，性凉。有清热利湿、祛风止痒功效，用于治疗皮肤瘙痒和湿疹等。

乌桕（苦桕木）

药材名：苦桕木

Sapium sebiferum (L.) Roxb.

【分布】生于郊野、路边、溪边、低山林杂木林中，也有人工栽培。分布于我国广东、广西、江苏、山东、安徽、江西等省区。

【特征】落叶乔木，高3～15 m。树皮灰褐色，深纵裂，皮孔细点状；枝细长，灰白色。叶互生；叶片纸质，菱形至菱状卵形，长3～9 cm，顶端骤尖或尾状长尖，基部宽楔形或近圆形，全缘，上面绿色，稍有光泽，下面初时粉白色，后渐变黄色，秋时变红赭色；叶柄长2～7 cm，上部接近叶片，基部具两圆形腺体。花单生，雌雄同株。蒴果木质梨状球形，具尖头。种子近圆形黑色，外被白色蜡层。花期6～7月，果期10～11月。

【药效与应用】乌桕油中含有强光学活性的三脂酸甘油酯，还含3α-羟基-21αH-何帕-28-烯、21αH-何帕-28-烯-3-酮。根皮、树皮入药。种子3～5 g，水煎服；外用适量，煎水洗或捣烂敷患处。外用可治疗脓疮、疥癣、湿疹和皮肤皲裂；内服可与逐水攻下药配伍用于治疗水肿、便秘。老弱体虚、孕妇及胃溃疡病患者忌服。中毒症状为恶心、呕吐、腹痛、腹泻等，严重者尚可出现四肢发麻、口唇发麻、面色苍白、心慌、胸闷等。

黑面神（鬼画符、四眼叶）

药材名：鬼画符

Breynia fruticosa (L.) Hook. f.

【分布】生于灌木林中。分布于我国长江以南各地。

【特征】常绿直立灌木。树皮灰棕色，有白色细小皮孔。单叶互生，有短柄，卵形或卵状披针形，基部楔形，全缘，叶革质，上面暗绿色，下面灰绿色，干后变黑色。花腋生，单性同株，无花瓣和花盘；雄花花萼呈陀螺形或半圆形，截头状；雄蕊3，雌花花萼稍大，基部呈陀螺形，结果时扩大呈盘状或杯状。核果球形。花期4～9月。

【药效与应用】叶入药：味苦，性寒，有毒。有清湿热、化瘀滞的功效，可治疗腹痛吐泻、疔毒、疮疖、湿疹、皮炎、漆疮、鹤膝风、跌打肿痛。煎服6～10 g；外用适量，煎洗、捣敷或研末撒。根入药：味苦，性寒。有祛风、清热、散瘀、消肿功效，治疗头面热毒、扁桃体炎、热泻、漆疮。煎服7～15 g，或浸酒服；外用适量，煎洗或捣敷。

南烛（乌饭树、米饭树）

药材名：南烛

Vaccinium bracteatum Thunb.

【分布】生于山坡、山谷林下或灌丛中。产于我国安徽、江苏、浙江、江西、福建及台湾等省，广布于长江流域以南及西南各省区。

【特征】常绿灌木或小乔木，高约3 m。枝无毛。叶革质，椭圆形或椭圆状卵形，长4～9 cm，边缘有细锯齿，两面无毛，侧脉于叶缘网结。总状花序腋生，长约10 cm，多花，序轴密被毛，苞片叶状，披针形，边缘有齿，宿存，花萼被毛，萼齿短小，花冠白色，筒状，密被毛。浆果近球形，紫黑色，稍有白粉，味甜。花期6～7月，果期10～11月。

【药效与应用】果实入药。有补肝肾、强筋骨、固精气、止泻痢的功效。用于治疗肝肾不足、须发早白、筋骨无力、久泄梦遗、带下不止、久泻久痢等；叶、根亦供药用。

一品红（状元红）

药材名：一品红

Euphorbia pulcherrima Willd.

【分布】原产于墨西哥及热带非洲，现世界各地温室均有人工栽培，供观赏。

【特征】常绿灌木，高达3 m。茎灰褐色而嫩茎绿色，光滑，含白色乳汁。叶互生，卵状椭圆形至披针形，长10～20 cm，叶缘具钝齿、浅裂或全缘，茎顶花序下的叶片较狭，呈苞片状，通常全缘，开花时呈红色。顶生的杯状花序呈聚伞状排列，总苞淡绿色，具黄色腺体。种子卵状，灰色或淡灰色，近平滑。花果期10月至翌年4月。

【药效与应用】全株入药。味苦涩，性凉，有消肿的功效。用于治疗功能性子宫出血、跌打损伤等。

叶底珠（一叶萩）

药材名：叶底珠

Securinega suffruticosa (Pall.) Rehd

【分布】 生于山坡林缘林下。产于我国江苏、安徽、浙江、福建、江西等省，分布于华中、华南及西南地区。

【特征】 落叶灌木，高达3 m。全株无毛。单叶互生，椭圆形或长圆形，长2.5～5 cm，顶端有小尖头，全缘，下面苍白色，侧脉8～10对。花单性，雌雄同株，无花瓣，簇生于叶腋，萼片6片，卵形，雄蕊5个，雌花1朵与数朵雄花腋生，花盘环状。蒴果浆果状，椭圆状，成熟时紫黑色。花期4～7月，果期7～10月。

【药效与应用】 根入药。有祛风除湿、健脾消积的功效。用于治疗风湿痹痛、小儿疳积。

佛肚树（独脚莲）

药材名：佛肚树

Jatropha podagrica Hook.

【分布】在我国广东、广西、云南中至南部均有。

【特征】亚灌木，高1 m。茎基膨大如葫芦。单叶互生，掌状3～5裂，裂片全缘，光滑无毛，叶柄盾状着生，花小，红色，顶生聚散花序。花序分枝也为红色，状如珊瑚有长总梗。

【药效与应用】全株入药。味甘、苦，性寒。具有清热解毒、消炎止痛的功效。用于治疗毒蛇咬伤。根用于治疗面黄肌瘦、疲乏无力、不思饮食和血尿等。

麻风树（青桐木）

药材名：麻风树

Jatropha curcas L.

【分布】在我国福建、广东、广西、四川、云南等省区均有栽培。

【特征】常绿灌木或小乔木，高10 m。单叶互生，卵圆形长7～16 cm 。全缘或3～5浅裂，叶柄与叶片近等长。花黄色，腋生聚散花序，长6～10 cm。蒴果近球形，直径2.5 cm，黄色。

【药效与应用】茎枝和叶含1-三十烷醇，β-谷甾醇葡萄糖苷，α-香树脂，豆甾醇，菜油甾醇，7-酮基-β-谷醇，5-烯-3β，7α-豆甾烷。鲜品含牡荆素，异牡荆素，β-芹菜素。种子含脂肪酸59.68%，脂肪酸有油酸43.1%、亚油酸32.2%、棕榈酸17.5%、硬脂酸6.9%、花生酸0.5%，油中含麻风树毒素。根入药：用于治疗跌打瘀肿、外伤出血。茎皮入药：味苦，性温，有毒。有消肿散瘀、止血、杀虫止痒的功效。用于治疗跌打损伤、骨折、疥癣、湿疹。叶入药：内服治疗结石。

鸡骨香（鸡香木）

药材名：鸡骨香

Croton crassifolius Geisel.

【分布】多生于山坡丘陵等干旱地区。分布于我国广东、广西、福建等省区。

【特征】短小灌木，高约30 cm。根粗壮，外皮黄褐色，易剥离。枝叶和花序均被星状绒毛。叶互生，卵形或矩圆形，长5~10 cm，先端尖或钝，基部浑圆而稍带心形，全缘或锯齿，侧脉3~4对，最下一对由基部射出，与中脉呈三脉状；叶柄长1.5~2.5 cm，密被星状绒毛。花单性，浅绿色，雌雄同株。总状花序长2.5~5 cm，苞片分裂，裂片线形，顶端有腺体；雄花小，簇生于花序上部，花瓣矩圆状；雌花通常数朵生于花序基部，萼长约4 mm，花瓣缺，花柱4裂。蒴果外被锈色柔毛。花期4月。

【药效与应用】全株入药。味辛、苦，性温。有理气止痛、祛风除湿、舒筋活络的功效。可治疗胃痛、胃肠气胀、风湿痹痛、跌打损伤。内服煎汤或浸酒、入丸；外用适量，研末调敷，治疗毒蛇咬伤。

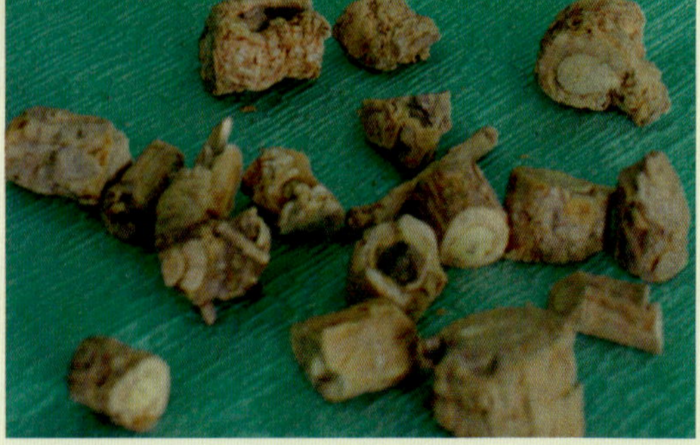

山乌桕（红乌桕）

药材名：山乌桕

Sapium discolor (Champ. ex Benth.) Muell. -Arg.

【分布】生于我国江南各省区。

【特征】落叶乔木，高6～12 m。叶椭圆形至卵状椭圆形，长3～10 cm，全缘，背面粉绿色，叶柄顶端有二腺体。蒴果黑色。种子被蜡层。

【药效与应用】叶含麦无羁萜醇，并显示有酚类、氨基酸、黄酮类反应。种仁含油40.83%，脂肪酸主要为油酸27.68%、亚油酸19.55%、花生油酸20.61%、棕榈酸24.88%、硬脂酸2.03%、肉豆蔻酸0.2%。根皮、叶入药。根皮入药。味苦，性寒，有毒。具有泻下逐水、散瘀消肿的功效，用于治疗肾炎水肿、肝硬化腹水、大小便不通。叶入药。外用治疗跌打肿痛、毒蛇咬伤、过敏性皮炎、湿疹和带状疱疹等。

五月茶（五味子）

药材名：五月茶

Antidesma bunius (L.) Spreng.

【分布】生于海拔200～1 500 m的山地疏林中。分布于我国江西、福建、湖南、广东、海南、广西、贵州、云南和西藏等省区。

【特征】常绿乔木。叶片上面常有光泽，下面仅中脉上被毛，侧脉弯拱上升。总状或穗状花序，花盘杯状，全缘或不规则分裂；花萼3～4裂，裂片卵状三角形，雄蕊着生于花盘之内，子房无毛。核果近球形或椭圆形。花期3～5月，果期6～11月。

【药效与应用】根、叶、果入药。味酸，性平。有生津、活血、解毒的功效。用于治疗咳嗽口渴、跌打损伤、疮毒等。

血桐（橙桐）

药材名：中平树

Macaranga tanarius (Linn.) Muller. –Arg. var. *tomentosa* (Blume) Muller. –Arg.

【分布】生于沿海灌木林或次生林中。分布于我国台湾、广东和广西等省区。

【特征】常绿乔木。小枝被白霜。叶盾状着生，全缘或叶缘具波状齿，下面密生颗粒状腺体，掌状脉9～11条，托叶三角形或卵状三角形，膜质。雄花序圆锥状，苞片卵圆形，边缘流苏状，雄花萼片3，具雄蕊4～10，花药4室；雌花序圆锥状，苞片卵形，叶状，子房具软刺。蒴果密被腺体和软刺。花期4～5月，果期6月。

【药效与应用】根、树皮入药。根：味苦、性凉。有清热利湿、退黄的功效，用于治疗黄疸型肝炎、胃脘疼痛。树皮：味苦，性凉。用于治疗腹水和便秘等。

粗糠柴

药材名：粗糠柴

Mallotus philippensis (Lam.) Muell. -Arg.

【分布】生于山坡丛林中。分布于我国四川、贵州、浙江、湖北、湖南、云南、广东、广西、福建、海南、台湾等省区。

【特征】常绿小乔木。小枝被棕褐色星状柔毛。单叶互生，近革质，长圆状卵形或卵状披针形，先端渐尖，基部圆或宽楔形，全缘或有波状齿，上面深绿色，下面密被短星状毛及红色腺点，近叶柄处有2腺体。花单性，雌雄同株；穗状花序顶生或生于枝上部叶腋内，花序梗密被星状柔毛及腺点；雄花黄白色，无花瓣；雌花萼管状，4～5裂齿；子房外被红色颗粒状腺点。蒴果球形，密被鲜红色粉状绒毛。花期3～4月，果期7～8月。

【药效与应用】根入药。味微苦、微涩、性凉，有清热利湿的功效。用于治疗急慢性痢疾，咽喉肿痛。果毛(腺体粉)有毒，有驱虫的功效。腺体粉末可用于驱绦虫、蛲虫、蛔虫。

61. 黄杨科 Buxaceae

黄杨（山黄杨）

药材名：黄杨

Buxus microphylla Sieb. et Zucc. ssp. *sinica* (Rehd. et Wils.) Hatusima

【分布】生于山谷、溪边、路边、林中或人工栽培。产于我国江苏、安徽、浙江、福建、台湾、江西等省，分布于辽宁、河北、甘肃、河南及华中、华南及西南等地。

【特征】常绿小乔木或灌木状，高达6 m。小枝被短毛。叶对生，厚革质，卵状椭圆形，先端圆钝，常微凹，上面中脉隆起，侧脉不明显。花单性，雌雄同株，花序头状，腋生或顶生，无花瓣，萼片雄花4片，雌花6片。蒴果近球形，花柱宿存。花期3月，果期5～6月。

【药效与应用】根、茎和叶入药。味苦、辛，性温。有祛风、除湿、理气、止痛的功效。用于治疗风湿痹痛、胸腹气胀、疝气疼痛、牙痛、跌打伤痛。

62. 芸香科 Rutaceae

橘（大桔、年桔）

药材名： 陈皮、桔核

Citrus reticulata Blanco

【分布】在我国江苏、安徽、浙江、江西、福建、台湾、湖北、湖南、广东、广西、陕西（南部）、四川、贵州、云南均有栽培。

【特征】常绿小乔木。小枝圆，有枝刺。叶较小。花白色。果扁球形，11～12月成熟。

【药效与应用】红橘果皮含川陈皮素、橙皮苷、枸橼酸及还原糖，果皮含挥发油，成分有柠檬烯、α-蒎烯、β-蒎烯、β-水芹烯、对-聚伞花素、芳樟醇及乙酸芳樟酯。温州蜜橘含挥发油，成分有柠檬烯（约80%）、松油烯、蒎烯等19种，此外又含橙皮苷和维生素C。果皮、叶、种子入药。①成熟果实的外果皮（陈皮）入药。味苦、辛，性温。有理气、健脾、燥湿、化痰的功效，可用于治疗胸脘胀满、嗳气呕吐、食欲不振、咳嗽多痰。②中果皮与内果皮之间的维管束群（橘络，又名橘筋）入药。味甘、微苦，性平。有通络理气、化痰的功效，用于治疗痰滞经络、咳嗽胸痛、痰中带血。③成熟果实的外果皮用车刀车削下的外表红色皮片（芸皮，又名川芸皮、匀皮、芸红）入药。性味和功效同陈皮。④未成熟的幼果或外果皮（青皮，又名个青）入药。味苦、辛，性温。有疏肝破气、消积化滞、散结的功效，用于治疗胸胁脘腹痛、食积不消、疝气、乳痛。⑤种子（橘核）入药。味苦，性平。有理气、散结、止痛的功效，可用于治疗疝气、睾丸肿痛、乳痈、腰痛。⑥橘叶入药。味苦，性平。有行气、解郁、散结的功效，可用于治疗乳腺炎、胁痛。

橙（山橙、甜橙）

药材名：橙皮

Citrus aurantium L.

【分布】在我国长江流域及南方各省区柑橘产地均有栽培，主要产于浙江、江西、湖北、湖南、四川等省。

【特征】常绿小乔木，高5 m。枝有刺。叶椭圆形或卵形，长6～10 cm，叶柄有狭翅，顶端有关节。果近球形，橙黄色。

【药效与应用】果实含橙皮苷、新橙皮苷、川陈皮素。果皮含橙皮素、柚皮素、柚皮苷、异樱花素。叶含橙皮素。种子含黄柏酮、柠檬苦素和去乙酰闹米林。果皮的30%醇浸液有镇痉作用，但作用小于阿托品。果实入药。味苦、酸，性微寒。有行气宽中、消食化痰的功效，用于治疗胸腹满闷胀痛、食积不化、痰饮、胃下垂、子宫脱垂。

柚

药材名：橘红

Citrus grandis (L.) Osbeck-Citrus maxima (Burm.) Merr.

【分布】 在我国浙江、江西、福建、台湾、湖北、湖南、广东、广西、四川、贵州、云南均有栽培。

【特征】 常绿小乔木，高5～10 m。小枝具棱角，有毛，枝刺较大。叶较大，卵状椭圆形，长9～17 cm，缘有钝齿，叶柄具宽大倒心形之翅。花白色。果特大，果皮厚，黄色。

【药效与应用】 果皮含柚皮苷、枳苷、新橙皮苷、柚皮素-4-葡萄糖苷-7-新橙皮苷，又含挥发油，主要成分为柠檬烯（90%～92%）。外果皮（橘红）入药：味苦、辛，性温。有散寒、理气、化痰、消食的功效，用于治疗风寒咳嗽、多痰、气郁胸闷、脘腹冷痛、食滞等。①幼小果实入药：有消食、去肠胃气的功效。②根入药：有理气止痛、散风寒的功效，用于胃痛、疝气疼痛、风寒咳嗽。③种子（柚核）入药：治疗小肠疝气。④花入药：有行气、镇痛、祛痰的功效，用于治疗胃脘胸膈间痛。⑤叶入药：有祛风湿、止痛、消积食的功效。

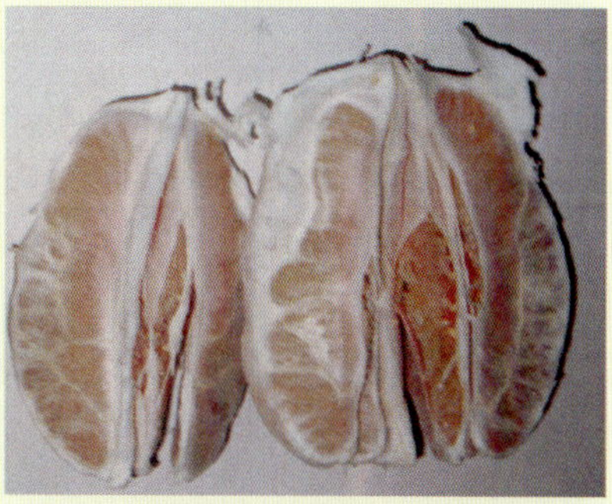

柠檬

药材名：柠檬

Citrus limon (L.) Burm.f.

【分布】生长于我国台湾、广东、广西、四川、云南等省区。

【特征】常绿小乔木。小枝圆。叶较小，叶柄有狭翅，顶端有关节。花瓣里面白色，外面淡紫色。果椭球形，一或两端尖，果皮粗糙，较难剥离，柠檬黄色。

【药效与应用】根和叶含伞形花内酯、东莨菪素，叶又含槲皮素、马栗树皮素和根皮素。叶和小枝含挥发油，成分有酸、酯及乙酸芳樟酯、柠檬醛。果皮含橙皮苷、香叶木苷、柚皮苷、新橙皮苷。种子含黄柏酮、柠檬苦素。根入药，有止痛、祛瘀的功效，用于治疗跌打、伤积、狂犬咬伤。叶入药，味辛、甘，性温。有化痰止咳、理气和胃的功效，用于治疗咳嗽、腹胀、泄泻。果皮入药，味酸、辛，性温。有祛痰、健胃、行气、止痛的功效，用于治疗郁滞腹痛、不思饮食等。

黄皮

药材名：黄皮

Clausena lansium (Lour.) Skeels

【分布】原产于我国南部地区，现在我国广东、广西、海南、福建、贵州等省区均有人工栽培。

【特征】常绿小乔木。叶互生，为奇数羽状复叶；小叶5～13片，纸质，阔卵形至卵状长圆形，顶端尖或短渐尖，基部阔楔形至圆形，多少不对称，边缘浅波状或具不明显的圆齿，两面无毛或下面疏被微柔毛。春季开白色花，花芳香，两性，排成顶生圆锥花序；花蕾近球形。浆果球形、卵形、倒梨形或近圆形，黄色或橙黄色而略带褐色，被密或疏柔毛。种子1～3粒，少5粒，绿色。

【药效与应用】含有黄皮新桂皮酰胺A、黄皮新桂皮酰胺B、黄皮新桂皮酰胺C等成分。叶入药：味苦、辛，性平。具有解表散热、顺气化痰的功效，用于治疗感冒、流感、脑脊髓膜炎和疟疾。根和种子入药：味苦、辛，性微温。具有行气止痛、健胃消肿的功效，用于治疗胃疼、腹痛、疝痛和风湿骨痛。果实入药：味甘、酸，性温。具有理气消食、散结消胀、化痰止咳的功效，用于治疗脘腹胀痛、肝胃气痛、食滞胀满、痰咳哮喘，尤多用于治疗疝气痛。外用可用黄皮核捣烂敷患处，治疗蜈蚣咬伤和黄蜂蜇伤。

化州橘红（化山柚）

药材名：橘红

Citrus grandis (L.) Osbeck var. tomentosa Hort.

【分布】主产于我国广东化州、廉江、遂溪和徐闻等地，现广西南宁、博白、柳州和桂林亦有栽培。

【特征】为常绿乔木。小枝较扁，被柔毛，有硬刺。叶互生，阔卵形或卵状椭圆形，顶端钝或微凹入，基部浑圆，边缘有浅的钝锯齿，上面无毛或近无毛，下面沿主脉被短柔毛；叶柄两边有阔翅而呈倒心形，有毛。4月开花。花单生或簇生于叶腋，甚芳香。果大，圆球形，未成熟时绿色至黄绿色，密被短柔毛，柠檬黄色，果顶钝圆，稍内凹；具极厚的白皮层，与果肉不易分离；瓤囊16瓣，味极酸。种子多数，长椭圆形，白色。

【药效与应用】果皮（毛橘红）入药。味苦、辛，性温。有化痰、理气、健胃、消食的功效，用于治疗胸中痰滞、咳嗽气喘、呕吐呃逆和饮食积滞。花供药用，功效同柚花；幼小果实称为橘红珠，供药用功效同柚幼果。

佛手（五指）

药材名：佛手

Citrus medica L. var. *sarcodactylis* Swingle

【分布】生于热带、亚热带，喜阳光充足、排水良好的沙质土壤。分布于我国广东、海南、广西等省区。

【特征】常绿小乔木或灌木。老枝灰绿色，幼枝略带紫红色，有短而硬的刺。单叶互生，革质，具透明油点；叶柄短，无翅，无关节；叶片长椭圆形或倒卵状长圆形，先端钝，有时微凹，基部近圆形或楔形，边缘有浅波状钝锯齿。花单生、簇生或为总状花序。柑果卵形或长圆形，顶端分裂如拳状，或张开似指状，其裂数代表心皮数，表面橙黄色，粗糙，果肉淡黄色。花期4～5月，果期10～12月。

【药效与应用】秋季果实由绿开始变黄将成熟时采摘。晾数天，待大部分水分蒸发后，纵切成薄片，晒干或低温干燥。果含挥发油、黄酮、香豆精和多糖等成分。醇提取物有解胃肠平滑肌痉挛作用以及增加冠脉血流量和降压作用。果实入药，用于治疗胃气滞、胸胁胀痛、胃脘痞满、食少呕吐；陈佛手用水煎饮，治疗痰咳嗽。

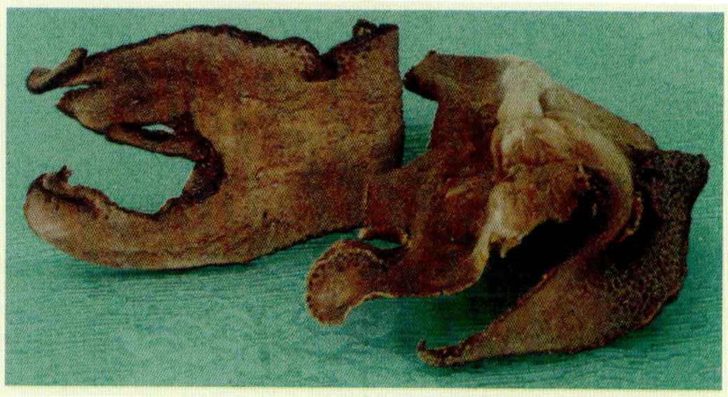

枳（枸橘）

药材名：枸橘

Poncirus trifoliata (L.) Raf.

【分布】产于我国山东、江苏、安徽、浙江、江西等省，广布于秦岭、黄河一线以南，各地多栽培作绿篱。

【特征】落叶灌木或小乔木，高约5 m。多分枝，枝绿色，稍扁而有棱，密生粗刺。3出复叶互生，总叶柄有翅，与叶片连接处有关节，具透明的油腺点，顶生小叶较大，椭圆形，长1.5～4.5 cm，宽1～2 cm，先端圆钝。花单生或成对腋生，先叶开放，白色，芳香。果球形，直径3～6 cm，橙黄色，有微香气，味苦酸，表面密被柔毛，油腺点小而多。花期5～6月，果期10～11月。

【药效与应用】果实有疏肝和胃、理气止痛的功效，用于治疗胸胁胀满、脘腹胀痛、乳房结块、疝气疼痛、睾丸肿痛、跌打损伤、食积、便秘、子宫脱垂；种子有止血的功效，用于治疗肠风下血；叶有理气止呕、消肿散结的功效，用于噎嗝、反胃、呕吐、疝气；树皮有敛血、止痛的功效，用于治疗痔疮、便血、齿痛；棘刺有止痛的功效，用于治疗龋齿疼痛。

东风桔（酒饼勒）

药材名：东风桔

Atalantia buxifolia (Poir.) Oliv.

【分布】生于丘陵、荒地。分布于我国广东、广西、台湾等省区。

【特征】灌木或矮乔木。秃净或幼枝被小柔毛，常有腋生强硬的刺。叶互生，革质，倒卵形至倒卵状矩圆形，长1.5～6 cm，宽8～25 mm，先端极钝或凹入，基部狭而成一屈柄，有多数纤弱的脉。花两性，单生或2～3朵聚生于叶腋内；萼齿阔卵状三角形；花瓣6片，白色，长3～4 mm；雄蕊10枚，分离；子房2～3室，花柱脱落，柱头头状。小浆果近球形，熟时黑色。花期夏季。

【药效与应用】枝条、叶、根入药。味辛，性温。有去瘀止痛、顺气化痰的功效。治疗跌打肿痛、骨折、风湿痛、疝气、感冒、咳嗽、疟疾、胃痛等。内服煎汤，根15～30 g（鲜品30～60 g）；叶15～30 g。外用适量，研末酒炒敷。

茵芋

药材名：茵芋

Skimmia reevesiana Fortune

【分布】生于山谷、山坡林下阴湿处。产于我国安徽、浙江、江西、福建等省，广布于长江流域以南各省区。

【特征】常绿灌木，高0.5～1 m。枝无毛。单叶互生，常集生于枝上部，具芳香气，长圆形或披针形，长5～12cm，宽1.5～3cm，两面无毛，侧脉不明显，全缘，密生透明油腺点，中脉在上面稍凸起。聚伞圆锥花序顶生，花序轴、花梗被毛，花白色，密集，芳香。浆果状核果球形或长圆形，红色，有2～3个分核，花萼宿存。花期3～5月，果期9～10月。

【药效与应用】茎叶入药。味辛、苦，性温，有毒。有祛风除湿的功效。用于治疗风湿痹痛、四肢挛急、两足软弱等。

假黄皮（山黄皮）

药材名：假黄皮

Clausena excavata Burm. f.

【分布】生于低海拔丘陵、坡地的灌丛或疏林中。分布于我国广东、广西、海南等地。

【特征】常绿灌木至小乔木，树高1～5 m。小枝、叶轴均密被向上弯钩的短毛，且散生微凸起的油点。叶有小叶21～27片，较稀少或更多(多达41片)；小叶镰刀状弯斜，生于叶轴基部的最小，阔卵形，越向顶部的越大，阔披针形或斜长方形，长1.5～10 cm，宽1～3 cm，两侧明显不对称。花两性，聚伞圆锥花序；花萼片及花瓣均4片，甚小；雄蕊8枚。果椭圆形、卵形或近圆球形，初熟时暗黄色，其后变朱红色，通常有1粒种子。花期4～5月，果期8～10月。

【药效与应用】味苦、辛，性温。根有祛风止痛的功效，可治疗胃冷痛、胃气痛、关节炎。叶有疏风解表、散寒、截疟的功效，可治疗风寒感冒、腹痛、疟疾、毒蛇咬伤、扭伤。内服煎汤或浸酒。外用适量，研末酒炒敷，或捣烂敷患部，治毒蛇咬伤。

三丫苦（三椏苦）

药材名：三叉苦

Evodia lepta (Spreng.) Merr.

【分布】生于丘陵、平原、山地、溪边的疏林中或灌木丛中。分布于我国广东、海南、广西等省区。

【特征】常绿小乔木或灌木。树皮灰白色或青灰色，全株味苦。叶对生，具3小叶；小叶片椭圆形或椭圆状披针形，顶端渐尖或急尖，基部楔形而下延，全缘或有不规则的浅波状。聚伞花序排成伞房花序，腋生，花单性，黄白色，略芳香。蓇葖果常2～3个聚生，暗黄棕色至红褐色，有腺点。种子卵形，黑色。

【药效与应用】叶、根含生物碱。叶还含挥发油，油中主要成分为α-蒎烯和糠醛。用于治疗热病高热不退、咽喉肿痛、热毒疮肿、风湿痹痛、湿火骨痛、毒蛇咬伤、胃热痛、跌打肿痛。外用可治疗皮肤湿热疮毒、皮肤瘙痒和痔疮。

吴茱萸（茶辣）

药材名：吴茱萸

Evodia rutaecarpa (Juss.) Benth.

【分布】生于山坡草丛中。主产于我国贵州、广西、湖南、浙江、四川等省区。

【特征】常绿灌木或小乔木。幼枝、叶轴、小叶柄均密被黄褐色长柔毛。单数羽状复叶对生；小叶2～4对，叶片椭圆形至卵形，全缘，两面密被淡黄色长柔毛，有油点。聚伞花序顶生，花单性，雌雄异株；花小，黄白色。蓇果扁球形，成熟时紫红色，每心皮有种子1枚，卵圆形，黑色，有光泽。花期6～8月，果期9～10月。

【药效与应用】近成熟果实含挥发油，其中吴茱萸烯是其主要成分，含量达30%。此外，还含有多种柠檬苦素类、生物碱、黄酮类、酮类、氨基酸等成分。本品具有芳香健胃的功效，能祛除肠内积气及抑制肠内异常发酵，增加消化液分泌，抑制胃肠蠕动而解痉、止吐，并具有镇痛、降血压、兴奋子宫、抗血栓形成、杀虫、抗菌、升高体温等药理作用。用于治疗肝经寒凝之疝气腹痛、厥阴头痛、肝胃虚寒、瘀血阻滞之痛经、寒湿脚气肿痛、胃寒或脾胃虚寒之脘腹冷痛及呕吐、外寒内侵、胃失和降之呕吐、脾肾阳虚之五更泄泻、湿疹等。

两面针（入地金牛）

药材名：两面针

Zanthoxylum nitidum (Roxb.) DC.

【分布】 生于我国福建、台湾、湖南南部、广东、海南、广西和云南等省区。

【特征】 常绿木质藤本。根外皮棕黄色。茎、枝、叶轴背面、叶柄及叶主脉上均着生下弯的皮刺。茎棕褐色，有皮孔。叶互生，单数羽状复叶，有小叶7～11片，小叶对生，小叶柄短，卵形或卵状长圆形，坚纸质或厚革质，表面暗绿色，背面黄绿色，干后发亮，先端具骤狭的短尖头，钝圆或凹入，基部圆形或楔形，边缘具稀疏圆齿或近全缘。伞房状花序腋生，花单性。种子卵圆形，黑色光亮，味麻辣。花期3～4月，果期9～10月。

【药效与应用】 根含氧化两面针碱、光叶花椒碱、氯化两面针碱、氧化两面针碱、二氢两面针碱。根皮和茎皮入药。味苦、辛、麻，性温。具有通经络、解毒、祛风活血、散瘀消肿、麻醉止痛的功效，用于治疗跌打瘀积、骨折、胃痛、牙痛、腰肌劳损和风湿痹痛等。

花椒

药材名：花椒

Zanthoxylum bungeanum Maxim.

【分布】多生于山坡、林缘、灌木丛中，或栽培于庭园。分布几遍全国。

【特征】落叶灌木或小乔木，高3～7 m。茎干疏生增大的皮刺，枝上有细小的皮孔及略斜向上的皮刺。奇数羽状复叶，互生；小叶3～11；叶片卵状长圆形，背面中脉基部两侧有簇生锈褐色长柔毛。聚伞状圆锥花序顶生，花单性，雌雄异株。蓇葖果红色至紫红色，表面生有疣状凸起的腺点沿背腹缝线开裂。种子圆球形，黑色，有光泽。花期3～5月，果期7～10月。

【药效与应用】成熟果皮含挥发油，油中含有柠檬烯、枯醇、牻牛儿醇等。药理实验表明，果皮注射液有止痛、麻醉作用；牻牛儿醇小量可引起离体肠管蠕动，大量则使之抑制；水煎剂对链球菌、葡萄球菌、肺炎球菌、炭疽杆菌、枯草杆菌、霍乱弧菌、副伤寒杆菌和绿脓杆菌均有抑制作用；所含挥发油可使蛔虫、蛲虫中毒。用于治疗脘腹冷痛、呕吐泄泻、虫积腹痛、蛔虫等。外用适量，煎汤熏洗，用于治疗湿疹瘙痒。

降真香（沙塘木）

药材名：降真香

Acronychia pedunculata (L.) Miq.

【分布】生于常绿阔叶林下。分布于我国广东、广西、云南等省区。

【特征】常绿乔木。单叶对生，纸质，矩圆形至长椭圆形，长6～15cm，宽2.5～6cm，全缘，上面青绿色，光亮，网脉两面浮凸；叶柄长1～2 cm，顶端有一结节。聚伞花序腋生，常生于枝的顶部，花两性，白色，平滑，半透明，柄长5～8 mm。种子黑色，有肉质胚乳。

【药效与应用】全株入药。有行气活血、健脾止咳、支气管炎、心胃气痛、疝气痛、食欲不振、消化不良、腹痛等功效。煎服25～50 g。外用适量，捣汁搽，治疗刀伤出血、跌打损伤。

大管

药材名：大管

Micromelum falcatum (Lour.) Tanaka

【分布】生于旷野、丛林。分布于我国广东、广西、云南等省区。

【特征】小乔木，高1～3 m。小枝、叶柄、叶脉、花轴及花枝等均被扩展的短柔毛。单数羽状复叶，小叶5～11，互生，具柄，镰刀状披针形，长4～7 cm，边缘具疏齿。伞房圆锥花序顶生，花小而多，白色。浆果椭圆形或倒卵形，长约1 cm，成熟时黄色或朱红色，表面有腺点。花期12月至翌年4月，果期7～8月。

【药效与应用】大管的根、叶入药。有散瘀行气、活血、驳骨、消肿、止痛的功效。可治疗跌打肿痛、骨折、扭伤、风湿痛、喉痛，内服煎汤或浸酒。外用适量，研末酒炒敷。

黄檗

药材名：黄柏

Phellodendron amurense Rupr.

【分布】生于杂木林中或山间河谷及溪流附近，也有栽培。分布于我国黑龙江、吉林、辽宁、内蒙古等省区。

【特征】落叶乔木，高10～25 m，胸径可达70 cm。树皮外层灰色或灰褐色，有很厚的栓皮，具弹性，表面常纵向深沟裂呈网状，内层鲜黄色。小枝通常灰褐色或淡棕色。叶对生，奇数羽状复叶，小叶5～13片，长圆状披针形、卵状披针形或近卵形，上面暗绿色，幼时沿脉被柔毛，老时仅中脉基部有白色长柔毛。花序圆锥状，花单性，雌雄异株，雄花的花丝线形，雌花的退化雄蕊呈鳞片状。浆果状核果。

【药效与应用】主要含异喹啉类生物碱，包括小檗碱、巴马汀等，为主要活性成分。煎剂及醇浸剂体外对细菌有广泛的抑制作用，可治疗湿热泻痢、黄疸、带下、热淋、脚气、骨蒸劳热、盗汗、遗精。外用适量，治疗疮疡肿毒、湿疹、瘙痒、口疮、黄水疮和烧烫伤。

香圆

药材名：香橼

Citrus wilsonii Tanaka

【分布】生于我国江苏、安徽和四川等省。

【特征】常绿乔木，高4～10 m。树枝有棱及短刺。叶互生，单生复叶，革质，叶片长椭圆形，两面有半透明油点；叶柄有阔翼呈倒心形。花单生或簇生，也有呈总状花序顶生或腋生。柑果圆形，短径5～7 cm，顶端留有花柱基痕，呈乳头状凸起，果皮粗糙或平滑，成熟时橙黄色。种子多数。花期4～5月，果期10～11月。

【药效与应用】果含挥发油，主要成分为香叶醛、柠檬烯等。果实入药。成熟时采摘，整个或对剖两半后，晒干或烘干。用量3～9 g，煎汤内服，用于治疗胃气滞、胸胁胀痛、脘腹痞满、呕吐嗳气和痰多咳嗽。

九里香（四季青）

药材名：九里香

Murraya exotica L.

【分布】生于平地、缓坡、小丘的灌木丛中。分布于我国台湾、福建、广东、海南和广西等省区，南方各地广为栽培。

【特征】常绿小乔木。枝白灰色或淡黄灰色。小叶3～7片，倒卵形或倒卵状椭圆形，两侧常不对称，全缘，顶端圆或钝，有时微凹，基部短尖，一侧略偏斜；小叶柄甚短。花通常顶生或顶生兼腋生，花多朵聚成伞状，为短缩的圆锥状聚伞花；花白色，芳香；萼片卵形，花瓣5片，长椭圆形，盛花时反折；雄蕊10枚，长短不等，比花瓣略短，花丝白色，花药背部有细油点2颗；花柱较子房纤细，淡绿色，柱头黄色，粗大。果橙黄色至朱红色，阔卵形或椭圆形，顶部短尖，略歪斜，有时圆球形，果肉有黏胶质液，种子有短的棉质毛。

【药效与应用】茎、叶入药。叶和带叶嫩枝，含香豆精、黄酮类、萜类和生物碱等化学成分。味辛、微苦，性温，有小毒。可行气止痛、活血散瘀。用于治疗风湿痹痛。外治牙痛、跌扑肿痛、毒蛇咬伤等。

簕党（画眉架）

药材名：簕党

Zanthoxylum avicennae (Lam.) DC.

【分布】生于荒地、山坡、溪谷灌木丛中或疏林中。分布于我国广东、台湾和福建等省。

【特征】常绿灌木或乔木。干和枝具红褐色的皮刺。叶互生；单数羽状复叶，小叶7～23；有少刺或无刺，小叶斜方状倒卵形。圆锥花序顶生，花单性。果紫红色，有粗大腺点。种子黑色而亮。花期6～8月，果期9～10月。

【药效与应用】簕党的根有祛风化湿、消肿止痛、活血散瘀、通黄利尿的功效。可治疗黄疸性肝炎、早期肝硬化、肾炎水肿、感冒咳嗽、百日咳、咽喉肿痛、风湿骨痛、跌打挫伤等。配小果蔷薇根、山花椒根，可治疗跌打挫伤、腰部劳损、风湿关节痛、肥大性关节炎等。

小花山小橘（水官子）

药材名：山小橘

Glycosmis parviflora (Sims) Little

【分布】生于丘陵灌丛或疏林中。分布于我国东南沿海各省及云贵地区。

【特征】常绿灌木或小乔木。小叶2～4片，稀有5小叶或单小叶；椭圆形、长圆形、披针形或倒卵状椭圆形。圆锥花序长3～5 cm；萼裂片卵形，顶端钝；花瓣白色，长椭圆形；雄蕊10枚，花丝略不等长。果圆球形或椭圆形，淡黄白色转淡红色或暗朱红色，半透明，油点明显。花期3～5月，果期7～9月。

【药效与应用】根入药。味辛、微苦，性平。有散瘀消肿、化痰、消积的功效，用于治疗跌打损伤、感冒咳嗽、食积胀痛等。

玳玳花（玳玳桔、回青橙）

药材名：玳玳花

C. aurantium L. var. *amura* Engl.

【分布】 分布于我国南部各地，浙江、江苏、广东、贵州等地均有人工栽培，主产于江苏和浙江。

【特征】 常绿乔木。多分枝，有刺。为酸橙的变种。叶卵状椭圆形，长7.5～10cm，叶柄翼宽，无毛，下面有半透明油点，叶柄具狭长形或倒心形的翼叶。花白色而极香，单生或簇生，花瓣长圆形，有油点。萼钟形。果呈扁球形，直径7～8 cm，当年生长至秋季变橙黄色，到次年夏又变绿色，能数年不落，在华北及长江下游各城市常作温室盆栽观赏。由于果实可在植株上着生2～3年不落，隔年花果同存，犹如“三代同堂”，因而又称代代。花期4～5月，果期11～12月。

【药效与应用】 果、花、叶入药。味甘，微苦。有疏肝和胃、理气解郁、行痰、散积、消痞之功效，用于治疗胸中痞闷、脘腹胀痛、呕吐少食、胃下垂、脱肛、子宫下垂、清血，能促进血液循环。花蕾焙干，用以熏茶。花、枝叶、果实的精油都是重要的调香原料，广泛用于食品等工业中。

63. 橄榄科 Burseraceae

橄榄

药材名：青果

Canavium album (Lour.) Raeusch.

【分布】在我国广西、广东、台湾、福建和云南等省区均有野生或人工栽培。

【特征】常绿乔木，高10～20 m。羽状复叶互生，小叶9～15，对生，长椭圆形，长6～14 cm，两面细脉明显凸起。花小，芳香。核果长约3 cm，熟时黄绿色。花期4～5月，果熟期9～11月。

【药效与应用】果实含蛋白质12%，脂肪1.09%，碳水化合物12%，钙0.204%，磷0.046%，铁0.0014%，维生素0.02%。种子油中含多种脂肪酸。①果实入药：味甘、涩、酸，性平。有清肺、利咽、生津、解毒的功效，用于治疗咽喉肿痛、烦渴、咳嗽吐血、菌痢、癫痫、解河豚毒及酒毒。②种仁入药：味甘，性平，无毒。有润燥，解鱼、酒毒的功效。③果核（橄榄核）入药：味甘、涩，性温，无毒。用于治疗诸鱼骨鲠、骨痛、疝气、肠风下血。④橄榄露（果实的蒸馏液）具有清肺、利咽喉、生津止渴的功效，用于治疗咽喉肿痛、咳嗽痰中带血、泻痢、烦渴、酒毒及河豚毒。⑤白榄根具有清咽、解毒、利关节的功效，用于治疗咽喉肿痛、脚气、筋骨疼痛。

乌榄（黑榄）

药材名：乌榄

Canarium pimela Leenh.

【分布】生于我国云南、广西、广东和福建等省区。

【特征】常绿乔木，高10～20 m。羽状复叶互生，小叶17～21，长椭圆形，长6～14 cm，两面细脉均明显凸起。圆锥花序。花期4～5月，果熟黑色。

【药效与应用】①果实入药：味酸、涩，性平。具有止血化痰、利水、消肿的功效。②乌榄根用于治疗内伤出血、咳嗽；可和猪精肉煎汤服。③乌榄仁入药：味甘、淡。具有润肺、下气、补血、杀诸鱼毒的功效。④乌榄叶入药：味微涩，性温。有解毒、止血的功效，用于治疗子宫出血和外洗癍毒。

64. 省沽油科 Staphyleaceae

野鸭椿（鸡肾树）

药材名：野鸦椿

Euscaphis japonica (Thunb.) Kanitz.

【分布】除我国西北各省区外，全国均产，主产于长江以南各省区，西达云南东北部。

【特征】落叶小乔木，高3～8 m。小枝及芽红紫色。羽状复叶对生，长卵形，长5～11 cm，缘有细齿。花小而绿色，顶生圆锥花序，5～6月开花。果红色，状如鸟类沙囊，内有黑色种子1～3粒，9～10月成熟。

【药效与应用】树皮含鞣质。果含异槲皮苷、矢车菊素3-木糖苷和黄芪苷。种子含脂肪油20%～30%。①根入药：味微苦，性平。具有解表、清热、利湿、祛风散寒的功效，用于治疗感冒头痛、痢疾、肠炎。②果入药：味甘、辛、微苦，性温。有行气固脱的功效，用于治疗月经不调、疝痛、胃痛、脱肛、子宫下垂、漆疮。③树皮入药：味辛，性温。有行气、利湿、祛风、退翳的功效，用于治疗小儿疝气、水痘、天花、角膜云翳。

省沽油

药材名：省沽油

Staphylea bumalda DC.

【分布】生于山谷或山顶灌丛中。产于我国安徽、浙江、福建和江西北部，分布于华北、华中、东北、西南及陕西、河南等地。

【特征】落叶灌木，高约5 m。树皮紫红色。三出复叶对生，小叶椭圆形，先端尾尖，有细尖锯齿，上面无毛，下面青白色，脉上被毛。圆锥花序顶生，花白色。蒴果膀胱状，薄膜质，泡状膨大，稍扁平，先端2裂。种子有光泽，黄色。花期4～5月，果期8～9月。

【药效与应用】果实和根入药。果实有润肺止咳的功效，用于治疗咳嗽；根有活血化瘀的功效，用于治疗妇女产后恶露不尽。

65. 葡萄科 Vitaceae

蛇葡萄（山葡萄）

药材名：蛇葡萄

Ampelopsis sinica (Miq.)W. T. Wang

【分布】生于海拔300～1 200 m的山谷疏林或灌丛中。产于我国江苏、安徽、浙江、江西、福建和台湾等省，分布于中南、西南地区。

【特征】落叶藤本。幼枝被锈色短柔毛，卷须与叶对生，二叉状分枝。单叶互生，心形或心状卵形，长5～12 cm，宽5～8 cm，顶端不裂或具不明显3浅裂，基部心形，边缘有浅圆齿。二歧聚伞花序与叶对生，花白绿色。浆果球形，熟时蓝紫色，直径约8 mm。花期6月，果期7～10月。

【药效与应用】茎叶和根入药。茎叶有清热利湿、散瘀止血、解毒的功效，用于治疗肾炎水肿、小便不利、风湿痹痛、跌打瘀肿、内伤出血、疮毒等。根有清热解毒、祛风除湿、活血散结的功效，用于治疗肺痈吐脓、肺痨咯血、风湿痹痛、跌打损伤、痈肿疮毒、瘰疬、癌肿等。

66. 辣木树科 Moringaceae

辣木树（辣木）

药材名：辣木

Moringa tree oleifera Lamarch.

【分布】原产于印度北部和非洲。

【特征】常绿小乔木至大乔木。

【药效与应用】味辛，性微温，无毒。含有维生素A、维生素B、维生素C、蛋白质及钙、钾、铁等矿物质。并含有人体无法自行合成的“必需氨基酸”。辣木树所含的钙质是牛奶的4倍，钾是香蕉的3倍，铁是菠菜的3倍，维生素C是柑橘的7倍，维生素A是胡萝卜的4倍。根有利湿、健脾之功效，治疗食欲不振、石淋；根或根皮有驱风、消炎、健胃、利尿、壮阳之功效，治疗头痛、眩晕、哮喘、口腔炎、咽喉炎、胃胀气、胃肠痉挛、神经衰弱、高血压、糖尿病、坏血病、脚气病、皮肤病、脓疡及各种癌症；叶为妇科药，治疗子宫发炎、赤白带、淋病、梅毒，叶有除湿、祛寒、壮阳、利尿、消肿之功效；荚果有利湿、健脾胃之功效，治疗肝病、关节疼痛、手脚麻痹；种子治疗肝脾肿大；树胶治疗齿骨疽、耳痛。辣木树花气味芳香，是很好的蜜源植物。在海地，辣木树花茶用于治疗感冒。

67. 茜草科 Rubiaceae

巴戟（巴戟天、鸡肠风）

药材名：鸡肠风

M. officinalis How

【分布】原产于南亚热带、热带地区温和湿润的次生林下。分布于我国福建南部、广东、海南、广西等地。

【特征】攀缘状常绿灌木。根肉质，分枝，多少收缩呈念珠状。小枝纤细，初时被短粗毛，后因脱落而变粗糙。叶对生，叶柄长4～8 mm，被短粗毛；托叶干膜质，长2.5～4 mm，草黄色。叶膜质，长6～10 cm，宽2.5～4.5 cm，顶端急尖或短渐尖，基部钝或圆，下面沿中脉腋内有短束毛或几乎无毛；侧脉每边6～7条。花序顶生，单生或伞形花序式排列，由3至多个小头状花序组成，每个小头状花序直径5～9 mm，有花2～10朵，总花梗纤细，长3～10 mm，被淡黄色短粗毛；萼管半球形，长2～3 mm，萼顶部近截平或不规则的分裂，裂片三角形，彼此不等长；花冠白色，长3～4 mm，盛开时长达7 mm，冠管喉部收缩，里面密生髯毛，顶部4深裂，偶3深裂，裂片短于冠管，长椭圆形；花柱2深裂，长约0.6 mm。聚合果近球形或扁球形，直径6～11 mm，成熟时红色。花期8～10月，果期10～12月。不耐寒，在年降水量1 700～2 300 mm的环境下生长良好。耐旱、怕积水。

【药效与应用】味甘、辛，性温。有补肾阳、强筋骨、祛风湿功效。根茎多用于煮汤，鲜品或干品均可食。巴戟能升高白细胞，提高免疫作用，能增强机体上气，健身强神。民间用作强壮身体的食疗用品。

龙船花（仙丹花）

药材名：龙船花

Ixora chinensis Lam.

【分布】生于我国福建、台湾、广东和广西等省区。

【特征】常绿灌木，高1～2 m。单叶对生，通常倒卵状长椭圆形，长6～12 cm，全缘，托叶生于叶柄间。花冠红色，高脚碟状，花冠筒细长，顶生多花的伞房花序，形似绣球，夏季开花。浆果球形，熟时黑红色。

【药效与应用】花入药：味甘，性凉。有活血止痛、降压、调经的功效，用于治疗跌打肿痛、骨折、疮疡、高血压、月经不调。根、茎、叶入药：有清热解毒、活血化瘀、止血的功效，用于治疗肺结核咯血、胃痛、风湿关节痛、跌打损伤等。

玉叶金花（白纸扇）

药材名：玉叶金花

Mussaenda pubescens Ait. f.

【分布】生于山坡、林缘较阴的灌木丛中。分布于我国福建、广东、广西、云南、四川和贵州等省区。

【特征】常绿攀缘灌木，高1～3 m。小枝被柔毛。单叶对生，有时近轮生；叶片膜质或薄纸质，卵状矩圆形或卵状披针形，长4～8 cm，宽2～3.5 cm，全缘，上面无毛或被疏毛，下面被柔毛；托叶2深裂，裂片钻形。伞房花序式的聚花序顶生，苞片线形，被毛；萼筒陀螺形，裂片5，其中4枚线形，1枚扩大呈叶状，白色，卵形，有柄；花冠黄色，漏斗状，浆果球形，顶部具环纹，干后黑色。花期6～9月，果期8～10月。

【药效与应用】枝叶含海恩西阿苷元A、玉叶金花苷A、玉叶金花苷B等，还含有β-谷甾醇、豆甾醇、熊果酸、咖啡酸、阿魏酸、山栀苷甲酯、阿江榄仁酸。有降血脂、抗早孕的作用。味甘、淡，性凉。具有清热解暑、凉血解毒的功效。枝叶全年可采，鲜用或洗净晒干，切碎备用。用量30～60 g。用于治疗中毒、感冒、支气管炎、扁桃体炎、咽喉炎、肾炎水肿、肠炎、子宫出血、毒蛇咬伤等。

咖啡

药材名：咖啡

Coffea arabica L.

【分布】在我国的台湾、福建、广东、广西、云南和四川等省区有引种栽培。

【特征】常绿灌木。叶对生，披针形，叶缘齿状波皱。花白色。果熟红色。

【药效与应用】含1，2-环戊烷二酮、丙烷二酮和乙酰基丙烯醛。果实入药。味微苦、涩，性平。具有兴奋神经、强心健胃、利尿的功效，用于治疗酒醉不醒。

团花（黄梁木）

药材名：团花

Anthoephalus chinensis (Lam.) A. Rich. ex Walp.

【分布】分布于我国云南，为广东和广西引种栽培的速生树种之一。

【特征】常绿乔木，高达30～35 m。树干通直，大枝平展，树冠伞形。单叶对生，卵状椭圆形，长15～25 cm，全缘羽状脉明显，托叶大。花黄色，头序花序，单生枝顶，聚花果球形，直径3～4 cm。

【药效与应用】根、叶入药，有清热解毒的功效。民间用树皮作为退热药。

金鸡纳树（奎宁树）

药材名：金鸡纳霜

Cinchona ledgeriana Moens

【分布】在我国的台湾、广东、广西和云南等省区有引种栽培。

【特征】常绿乔木，高8～12 m。单叶对生，长椭圆形，长8～15 cm。花淡色。

【药效与应用】叶含有奎胺、异辛可菲胺、辛可菲胺。树皮含奎宁7%～12%、奎尼丁和金鸡纳丁。叶、树皮（金鸡勒）入药。味苦，性寒。具有镇痛、解热、截疟和局部麻醉的功效，治疗疟疾有特效。

香果树（香果）

药材名：香果树

Emmenopterys henryi Oliv.

【分布】生于山坡林中。产于我国安徽、江苏、浙江、江西和福建等省，分布于长江流域以南及西南地区，为我国2级珍稀保护植物。

【特征】落叶乔木，高达30 m。树皮灰褐色。小枝淡黄色，具皮孔，芽红色。单叶对生，宽椭圆形或宽卵形，长10～20 cm，全缘，两面无毛，或沿脉被毛。花序疏松，多花，花大，浅黄色，花萼钟状，萼片5片，有些花有一萼裂片扩大呈叶状，长圆形，白色，长1.5～5 cm，并宿存于果上，花冠漏斗状，白色或黄色。蒴果长圆卵形，具纵棱，红色。种子小而有宽翅。花期7～8月，果期8～11月。

【药效与应用】根及树皮入药，味辛、甘、微温。有温中和胃、降逆止呕的功效，用于反胃、呕吐、呃逆等。

山石榴（假石榴、刺榴、猪肚子）

药材名：山石榴

Randia spinosa (Thunb.) Poir.

【分布】生于旷野。分布于我国广东、广西及西南各地。

【特征】常绿灌木或小乔木，高1～4 m。嫩枝被毛；刺粗壮，长3.5 cm。叶对生，在短枝上密集簇生，宽倒卵形至匙形，钝头，仅在下面中脉和叶缘有毛；托叶卵形，顶端芒尖。花稍大，白色，单生或二三朵簇生于短枝顶；萼卵形，被柔毛；花冠钟状，密被绢毛，筒较阔，裂片卵形，比筒长。浆果大，近球形，有宿存萼檐，黄色，种子多数。

【药效与应用】果实、根、叶入药。味苦、涩，性凉，有毒。有散瘀消肿的功效，可治疗跌打瘀肿、外伤出血、疥疮瘙痒。鲜品适量捣敷，治疗跌打损伤、疥疮及各种皮肤瘙痒。

水杨梅（水团花）

药材名：水团花

Adina rubella Hance

【分布】生于我国安徽、江苏、浙江、江西、湖南、四川、福建、台湾、广东和广西等省区。

【特征】落叶灌木，高达3～4 m。小枝有柔毛。单叶对生，卵状椭圆形，长2.5～4 cm。花小，紫红色，密集成球形头状花序，花期7月。蒴果，9～11月成熟。

【药效与应用】花果含有儿茶类化合物，还分离出熊果酸、β-谷甾醇、土当归酸等，树皮含鞣质。根入药：味微苦，性凉。有清热解毒、止痢、止血的功效，用于治疗肺热咳嗽、小儿惊风、咽喉肿痛、腮腺炎、黄疸型肝炎、风火牙痛、肠炎、痢疾、蛇伤、关节炎、荨麻疹、漆疮、外伤出血。茎皮、枝叶、果序入药：用于治疗湿疹、滴虫性阴道炎、稻田皮炎、脚部烂疮、痈疽肿毒、骨折、外伤出血。花序入药：有清热解毒的功效，用于治疗肝炎、菌痢、肺热咳嗽、功能性子宫出血等。

钩藤（双钩藤）

药材名：钩藤

Uncaria macrophylla Wall.

【分布】生于湿润林下或灌丛中。分布于我国台湾、福建、广东、广西及贵州等省区。

【特征】常绿藤本，长12～15 m。小枝稍扁，老枝四棱柱形，幼时与钩均生褐色粗毛，后脱落。常于叶腋处着生钩状向下弯曲的变态枝，钩对生或单生。叶革质，宽椭圆形或长椭圆形，长10～16 cm，宽6～12 cm；托叶2裂。头状花序球形，腋生或顶生；花有褐色粗毛，有香气；萼筒状；花冠淡黄色。蒴果具明显的柄，纺锤状。

【药效与应用】味甘，性凉。有清热平肝、熄风定惊的功效。治疗血压偏高、头晕、目眩。内服煎汤10～15 g；或入散剂。带钩茎枝入药。①单味煎服，治疗头痛眩晕、惊厥抽搐、妊娠子痫及高血压症；②配鲜何首乌藤，治疗面神经麻痹；③配黑芝麻、紫苏，治疗全身麻木。

九节木（大罗伞、山大刀）

药材名：山大刀、山大颜

Psychotria asiatica rubra (Lour.) Poir

【分布】生于荒野灌丛、村边、林缘等处。分布于我国西南部、南部至东南部。在印度、中南半岛和日本也有。

【特征】常绿灌木，高1～3 m。幼枝近四棱形，老枝近圆形，光滑；枝有明显的节。叶对生，纸质，椭圆状矩圆形，边波状，干时红色。托叶阔，膜质，早落。圆锥花序顶生及腋生，三歧，短于上部叶；花冠浅绿色或白色，裂片短三角形，冠管阔，裂片披针形，外翻；雄蕊5，着生于冠喉部。核果近球形，长约6 mm，熟时红色，光滑；小坚果有棱4～5条。花期秋季。

【药效与应用】叶及嫩枝含酚类、甾体、鞣质、内酯和有机酸。现已能从茎中分离出新的萘醌——九节木萘醌及堆心菊内酯。根、叶入药。可用于治疗白喉、扁桃体炎、咽喉炎、痢疾、肠伤寒、胃痛和风湿骨痛。外用可治疗跌打肿痛、外伤出血、毒蛇咬伤、疮疡肿毒和下肢溃疡等。

栀子（黄栀子）

药材名：栀子

Gardenia jasminoides Ellis

【分布】生于山坡杂林中。主产于我国湖南、江西、浙江和福建等省。

【特征】常绿灌木。叶对生或三叶轮生，革质；叶片长椭圆形或长圆状披针形，全缘；托叶鞘状，膜质。花单生于枝顶；萼管倒圆锥形；花瓣呈旋转形排列，花开时呈高脚状或碟状；雄蕊与花冠裂片同数；子房1室。蒴果肉质，卵形，黄色，有翅状纵棱5～8条；种子多数。花期5～7月，果期8～11月。

【药效与应用】果含有栀子苷等多种环烯醚苷类化合物。能增强胆汁的分泌而具有利胆、抑制血中胆红素形成的作用；能抑制中枢神经系统而具有镇静、降压、抗惊厥、镇痛的作用；体外实验对多种致病菌有抑制作用。果实入药。采收加工：9～11月果实成熟时采摘，除去果柄及杂质后晒干或烘干。亦可将果实放入沸水中烫，或置于蒸笼内蒸半小时，取出晒干。用量6～10 g。用于治疗温病热郁心胸、心烦、郁闷、躁扰不宁、睡眠不安；肝胆湿热郁结、黄疸、发热、小便短赤；血热妄行之吐血、衄血、尿血；跌打损伤、烫伤、烧伤等。

68. 白花菜科　Capparidaceae

鱼木（树头菜）

药材名：树头菜

Crateva religiosa Forst.

【分布】多栽于村落、庭园或行道旁，为景观树。分布于我国广东、广西和台湾等省区。

【特征】落叶无刺乔木，高达10 m以上。掌状复叶；具长柄；小叶3枚，卵形或卵状披针形，长7～12 cm。伞房花序顶生；花大，杂性，直径5～7 cm，初绿黄色，后变淡紫色。浆果近球形，直径2.5～4 cm。花期春季。

【药效与应用】茎、叶、根入药。叶有清热、健胃、解毒、舒筋活络的功效。用于治疗斑痧热症、烂疮、肝炎、痢疾、腹泻、疟疾和风湿性关节炎。内服煎汤3～9 g；外用适量，捣敷或煎水洗。

野香橼花（猫胡子毛）

药材名：野香橼花

Capparis bodinieri Levl.

【分布】 生于海拔2 500 m以下的灌丛中或石灰岩山坡道旁。分布于我国贵州东部和云南等地。

【特征】 灌木或小乔木。叶卵形或披针形。花蕾球形，腋上生；萼片4片，背面近基部向外作龙骨状突起，向内凹入呈浅囊状，囊底花后期呈鲜红色；花瓣白色，被绒毛，上面2个狭倒卵形，相邻一侧中部以下彼此贴合，基部向外反折，包着花盘。果球形，成熟时黑色。花期3～4月，果期8～10月。

【药效与应用】 根皮入药。味苦，性寒。有清热解毒、祛风活络的功效，用于治疗咽喉疼痛、牙痛、痈疖疮毒、毒蛇咬伤、风湿痹痛、跌打损伤等。

69. 檀香科 Santalaceae

檀香（白檀、香檀、白檀香）

药材名：檀香

Santalum album L.

【分布】原产于印度、澳大利亚、印度尼西亚和南亚等国家和地区，野生或栽培。在我国广东、海南、云南等省有引种栽培。

【特征】常绿乔木，高6～9 m。具寄生根，树皮棕灰色，粗糙或有纵裂，多分枝，枝柔软，开展，幼枝圆形，光滑无毛。单叶对生，革质，椭圆状卵形或卵状披针形，先端渐尖，基部楔形，全缘，上表面绿色，下表面苍白色。三歧或聚伞状圆锥花序。核果球形，成熟时黑色，肉质多汁，内果皮坚硬，具3短棱。种子圆形，光滑无毛。

【药效与应用】树干的心材含挥发油3%～5%，其主要成分为α-檀香醇及β-檀香醇，占90%以上，并含α-檀香萜烯及β-檀香萜烯、檀香烯、檀香二环酮、檀香酸、檀香酮、檀油酸、檀油醇等。挥发油对痢疾杆菌及金黄色葡萄球菌均有抑制作用；有利尿作用。檀香复方可治疗心绞痛、萎缩性胃炎、浅表性胃炎、胃痛、痛经和乳腺增生等。

70. 胡椒科 Piperaceae

胡椒

药材名：胡椒、胡椒根

Piper nigrum L.

【分布】分布于热带和亚热带地区，在我国海南、广西、福建、台湾、云南等省区有栽培。

【特征】攀缘状木质藤本。多节，节部略膨大，生有不定根。单叶，互生，革质；叶片阔卵形、卵状长圆形、椭圆形，稀近圆形，先端短渐尖，基部圆形或浅心形，稍偏斜，全缘，上面深绿色，下面苍绿色，基出脉5～7条；叶鞘延长，常为叶柄之半。花单性，雌雄异株或杂性。浆果球形，无柄，排列紧密，果穗圆柱状，幼时绿色，成熟时红色。种子小。花期4～10月，果期10月至次年4月。

【药效与应用】胡椒果实主要含有酰胺类化合物及挥发油，具有抗惊厥、镇静、镇痛作用。果实、根入药。胡椒5～6 g，煎服，或研粉吞服。外用适量。用于治疗胃寒呕吐、腹痛泻泄、食欲不振、癫痫痰多等。胡椒酒服之，亦宜汤服。可治疗五脏风冷、冷气心腹痛、吐清水（《食疗本草》）。

71. 马桑科 Coriariaceae

马桑（黑果果）

药材名：马桑

Coriaria nepalensis Wall.

【分布】生于山坡或山沟灌丛中。分布于我国云南、贵州、四川、广西、西藏、湖北、陕西和甘肃等省区。

【特征】落叶灌木，高可达6 m。主根粗大，根皮红褐色。幼枝有棱，带紫红色。单叶对生，椭圆形或卵圆形，顶端急尖，无毛或仅下面沿脉有细毛，全缘。总状花序侧生于年生枝上，下垂；花杂性，雄花序先叶开放；花小，花瓣5枚，稍带绿色或红色，后花增大变成肉质，包被果实。果为浆果状瘦果，5个，外包肉质花瓣，熟时花被由红色变为紫黑色。花期4～5月，果期7～8月。

【药效与应用】根入药。毒性成分主要为马桑毒素、羟基马桑毒素、马桑亭等。所含马桑内酯主要兴奋延脑和脊髓，可作为巴比妥类催眠剂。用于治疗风湿麻木、痈疮肿毒、风火牙痛、痞块、瘰疬、痔疮、目赤肿痛和汤火烫伤、跌打损伤等。

72. 鼠李科 Rhamnaceae

大枣（红枣）

药材名：枣

Ziziphus jujuba Mill.

【分布】常见于黄土、沙土及沙滩地区，性耐干旱；在平原、丘陵及山谷等地也有人工栽培。主产于我国河南、河北和山东等省。

【特征】落叶灌木或小乔木，高达10 m。枝有成对的针刺，嫩枝被微细毛。叶互生，椭圆状卵形或卵状披针形，长2.5～7 cm，宽1.2～3.5 cm，先端稍钝，基部偏斜，边缘有细锯齿，基出三脉。花较小，淡黄绿色，2～3朵集成腋生的聚伞花序。核果卵形至长圆形，熟时深红色。花期4～5月，果期7～9月。

【药效与应用】大枣含有机酸、喹啉生物碱、三萜类、皂苷类。鲜果含大量维生素C，还含核黄素、硫胺素、胡萝卜素、尼克酸及维生素E等。鲜果含糖量高，主要是葡萄糖、果糖、蔗糖等，并含环磷鸟苷等。具有增强体力、抗疲劳、镇静安神、保肝、增加白细胞cAMP、增强免疫和抗变态反应等功效。果实入药。红叶20 g，用水煎服。治疗脾虚食少、气血津液不足、乏力便溏、妇人脏燥。外用治疗湿疹、黄水疮、皮肤糜烂、脓水淋漓、外伤出血和婴儿尿布性皮炎。

枳椇（拐枣）

药材名：枳椇子

Hovenia dulcis Thunb.

【分布】生于我国华北、华东和西南等地。

【特征】落叶乔木，高达10 m。树皮深灰色，多深纵裂，小枝红褐色。单叶互生，叶片卵圆形或广卵形，叶柄具锈色细毛。复聚伞花序腋生或顶生，总花梗长6 cm，花杂性，淡黄绿色。果近圆形或广椭圆形，直径6～8 mm，灰褐色，3室，各具1粒种子。花淡黄绿色。种子扁圆形，直径3～5 mm，厚1～1.5 mm，红褐色，具光泽，背面稍隆起，腹面平坦。花期5～6月，果期10月。

【药效与应用】成熟果实含大量葡萄糖、苹果酸钙等，具有清湿热、解酒毒的功效，可用于治疗烦渴呕逆、大小便不利畅等。

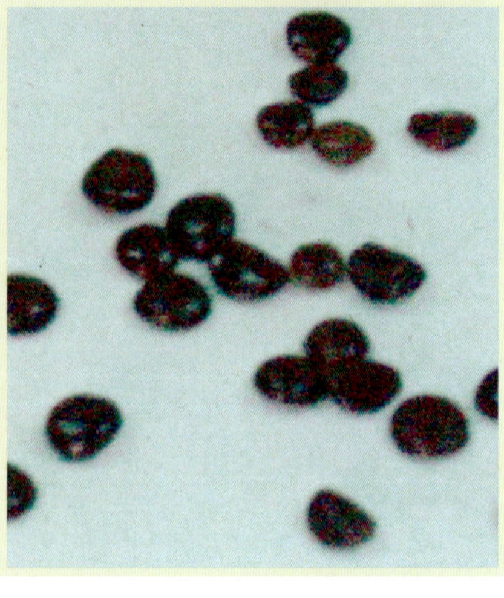

鼠李（东北鼠李）

药材名：鼠李

Rhamnus dahurica Pall.

【分布】 生于山地杂木林或山间沟旁及林缘灌木丛中。分布于我国东北、河北、山东等。

【特征】 落叶小乔木或开张的大灌木，高可达10 m。分枝多。树皮灰褐色，常呈环状剥裂。小枝粗壮近对生，具较大的锥形顶芽，稀不具芽而呈锥形刺。叶对生于长枝上，或丛生于短枝上；卵状椭圆形或倒宽披针形，先端渐尖或急尖，基部圆形，边缘具细圆齿，齿端常有腺体，无毛；侧脉通常4～5对。花2～5束生于叶腋，黄绿色，雌雄异株；萼4裂，萼片狭卵形，锐头；花冠漏斗钟形，4裂；雄花蕊4枚，雌花子房球形，2～3室，花柱2～3裂。核果近球形，成熟后紫黑色。花期5～6月，果期8～9月。

【药效与应用】 味甘、微苦，性平，有小毒。具有止咳、祛痰的功效。果实入药。含大黄素、大黄酚、蒽酚；另含山柰酚。种子中有多种黄酮苷酶。用于治疗支气管炎、肺气肿、龋齿痛、痈疖。用量果实5～15 g，制成酒剂服；外用适量，将果实捣烂敷患处。

马甲子

药材名：马甲子

Paliurus ramosissimus (Lour.) Poir.

【分布】生于旷野、山坡灌丛中。产于我国江苏、安徽、浙江、江西、福建等省，广布于长江流域以南各省区及西南地区。

【特征】落叶灌木，高2～4 m。幼枝密被锈色短绒毛，后脱落，小枝有刺。叶卵形或卵状椭圆形，长3～5 cm，先端钝圆，具细圆齿，基生三出脉，两面无毛，幼叶下面密被褐色毛，后脱落。聚伞花序腋生，被黄色绒毛，花盘肉质，5或10齿裂。核果盘状，周围具木栓质3浅裂窄翅，果柄被褐色绒毛。花期5～8月，果期9～10月。

【药效与应用】根、刺、花、叶和果入药。根有祛风散瘀、解毒消肿的功效，用于治疗风湿痹痛、跌打损伤、咽喉肿痛、痈疽；刺、花及叶有清热解毒的功效，用于治疗疔疮痈肿、无名肿毒、下肢溃疡、眼目赤痛；果有祛瘀生新的功效。

铁包金（老鼠耳）

药材名：铁包金

Berchemia lineata (L.) Candolle

【分布】生于低海拔的山野，路旁或开旷地上。分布于我国广东、广西、福建和台湾等省区。

【特征】藤状或矮灌木。枝圆柱状，被密短柔毛。叶纸质，矩圆形或椭圆形，具小尖头；叶柄被短柔毛；托叶披针形，宿存。聚伞总状花序顶生或簇生于花序下部叶腋；花白色，萼片条形或狭披针状条形，顶端尖，萼筒短，盘状；花瓣匙形，顶端钝。核果圆柱形，顶端钝，成熟时黑色或紫黑色，花盘和萼筒宿存，果梗被短柔毛。花期7～10月，果期11月。

【药效与应用】藤茎、根入药：味苦、微涩，性平。有消肿解毒、止血镇痛、祛风除湿的功效。主要治疗痈疽疔毒、咳嗽咯血、消化道出血、烫伤、风湿骨痛、风火牙痛等。

73. 玄参科 Scrophulariaceae

泡桐（酒筒木）

药材名：泡桐

Paulownia fortunei (Seem.) Hemsl.

【分布】生于我国山东、浙江、福建、台湾、湖南、云南、贵州、广西和广东等省区。多为人工栽培。

【特征】落叶乔木。树皮灰褐色，平滑。叶卵形或长圆状卵形，长10~15 cm，全缘。花序圆锥状，花大，长达10 cm；萼卵状钟形，密被星状绒毛，6深裂；花冠二唇形，白色，里面有紫色斑点。花期2~3月，果期8~9月。

【药效与应用】根、花、果实入药。①泡桐的根皮、根、果实、花：可治疗痔疮、淋病、丹毒、跌打损伤；②根：可祛风湿、清肠胃热毒、治疗风湿脚痛、肠风下血和痔疮。

74. 紫葳科　Bignoniaceae

木蝴蝶（千张纸）

药材名：木蝴蝶

Oroxylum indicum (L.) Vent.

【分布】生于我国江西、广东、海南、广西、四川、贵州和云南等省区。

【特征】大乔木。树皮厚，有皮孔。叶极大，对生，三至四回奇数羽状复叶；小叶多数，小叶片厚纸质，椭圆形至阔卵形，先端尖或渐尖，基部圆形或斜形，全缘，上表面绿色，下表面淡绿色，两面无毛。总状花序顶生，花萼钟形。蒴果扁平，阔线形，下垂，先端短尖，基部楔形，边缘稍内弯，果瓣木质，熟时由青绿色转棕褐色，沿腹缝线开裂。种子多数，种子除基部外全被翅包围。花期8～10月，果期10～12月。

【药效与应用】叶含黄芩苷元、高山黄芩素、黄芩苷元-6-葡萄糖醛酸苷、黄芩苷元-7-葡萄糖苷。茎皮含木蝴蝶素、黄芩苷。种子含脂肪油20%，其中油酸占80.4%，又含黄芩苷元、特土苷、木蝴蝶苷A、木蝴蝶苷、白杨素。树皮、种子入药。①树皮：味微苦、甘，性凉。有清热利湿的功效，可用于治疗病毒性肝炎、膀胱炎、咽喉肿痛、湿疹和痈疽溃烂。②种子：味苦、甘，性凉。有清肺热、利咽喉、止咳的功效，可用于治疗急性咽喉炎、声音嘶哑、支气管炎和百日咳等。

梓树（梓）

药材名：梓白皮、梓实

Catalpa ovata G. Don

【分布】生于我国东北、华北、西北及长江流域等地区。

【特征】落叶乔木，高达10余 m。树冠扩张，嫩枝无毛或具长直毛。叶对生，有长柄；叶片广卵形或近圆形，先端突尖或长尖，基部心形至近圆形，全缘有波齿或3～5浅裂，上面有灰白色柔毛，叶脉尤多，下面疏生柔毛。初夏开淡黄色花，花多数成顶生圆锥花序；花冠钟形，长约2 cm，内有橘黄色条纹及紫色斑点。蒴果细长，深褐色，幼时疏生长白毛。种子扁平长椭圆形，两端各有一束白色丝光长毛。

【药效与应用】果实含梓苷、梓实次苷（即梓醇）、对-羟基甲酸、枸橼酸、蜡。种子含对-羟基苯甲酸、谷甾醇和脂肪酸。果实、树皮入药。味甘，性平，无毒。有利尿、消肿的功效，可用于治疗浮肿、慢性肾炎、膀胱炎、肝硬化腹水等。

凌霄花（美洲凌霄）

药材名：凌霄花

Campsis grandiflora (Thunb.) Schum.

【分布】在我国山东、湖南、广东、广西以及长江流域至华北各地园圃多有栽培。

【特征】落叶藤本。枝条生长气根。叶对生，奇数羽状复叶，小叶卵形，叶缘齿状。花顶生，漏斗状，橙红色。

【药效与应用】根含芹菜素、β－甾谷醇。根、花、叶入药。①根：味苦，性平。具有祛风清热、活血调经的功效，可用于治疗筋骨疼痛、无名肿毒、妇女闭经。②花：味酸，性微寒。具有通经破瘀、清热凉血的功效，可用于治疗妇女月经不调。

菜豆树（森木罗伞）

药材名：菜豆树

Radermachera sinica (Hance) Hemsl.

【分布】分布于我国台湾、广西、广东、云南等省区。

【特征】落叶乔木，高5～12 m。根直肥厚，色白。树皮锈黑色，枝叶聚生于茎顶。叶对生，二至三回单数羽状复叶；小叶对生，卵形或卵状披针形，全缘。总状花序顶生，花冠白色。果实长圆柱状，似豆荚，长50～80 cm，下垂，熟时2纵裂，内有种子多数，膜状。花期5～9月，果期10～12月。

【药效与应用】根、叶、果实入药。根、叶、果有清热解毒、散瘀止痛的功效，可治疗伤暑发热、高热头痛、胃痛、跌打损伤、痈疖。内服煎汤；外用适量，捣敷或煎水洗。①鲜叶适量水煎，外洗全身，治伤暑发热；②根30～60 g，水煎或浸酒服，治跌打损伤；③叶或果适量，捣烂敷头部囟门处，治毒蛇咬伤。

炮仗花（黄鳝藤）

药材名：炮仗花

Pyrostegia venusta (Ker-Gawl.) Miers

【分布】原产于巴西。在我国华南及西南各地有引种栽培。

【特征】高大藤本。有线状3裂的卷须。叶对生，小叶2～3枚，卵圆形，花橙红色，着生于小侧枝顶端，组成圆锥花序；花萼钟状；花冠管状，中部以上稍膨大，长椭圆形，开展时反折，密被极细柔毛；花柱丝状。蒴果长线形。种子具翅。花期1～3月。

【药效与应用】全株入药。花可润肺止咳、清热利咽，用于治疗肺结核和支气管咳嗽、咽喉肿痛。

75. 五加科 Araliaceae

人参（红参）

药材名：人参

Panax ginseng C. A. Mey.

【分布】生于山地的针叶、阔叶混交林或杂木林下。在我国长白山脉和小兴安岭东南部的山林地带，辽宁、吉林、黑龙江等地有大量人工栽培。

【特征】灌木。①人工栽培参：主根呈纺锤形或圆柱形。表面灰黄色，上部或全体有疏浅的精横纹及明显的纵皱，须根上常有不明显的细小疣状突起。根茎（芦头）具不定根和稀疏的凹窝状茎痕（芦碗）。质较硬，断面淡黄白色。香气特异，味微苦、甘。②野山参：主根粗短，多具2个支根而呈人字形。表面灰黄色，上部有明显的细密螺旋纹，枝茎具细密碗状茎痕，靠近主根的一段根茎较光滑无茎痕，称圆芦。支根上生有稀疏细长的须状根，须状根上有明显疣状突起。

【药效与应用】全株入药。主要含人参皂苷，其中达玛烷第三萜皂苷活性最显著，是评定人参质量的主要指标。人参对中枢神经系统有双向调节作用，可促智、镇痛、解热、抗惊和抗肌力减弱等。对心血管系统有强心、抗缺血、扩张血管、降压等作用；有刺激造血功能和对血液系统有保护作用，并抗凝血和抗血栓；对内分泌系统有促皮质激素样、促性激素样作用，并具有提高免疫功能及抗肿瘤作用。

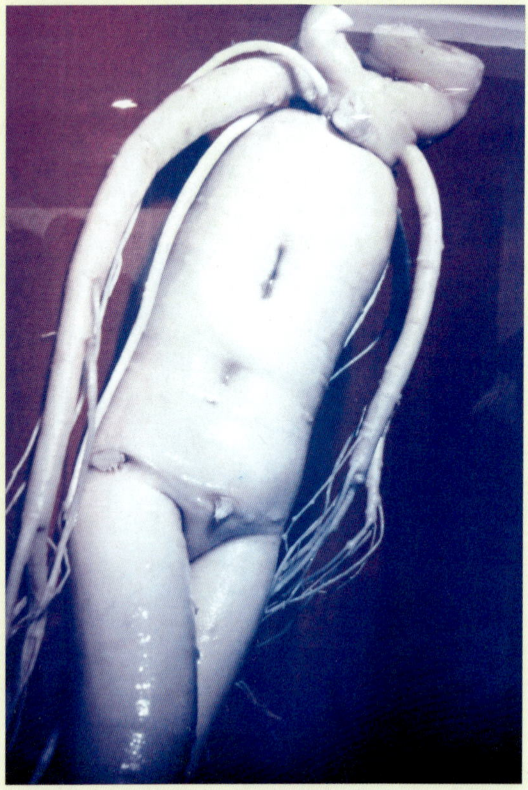

鸭脚木（鸭脚树）

药材名：鸭掌木

Schefflera octophylla (Lour.) Harms

【分布】生于山地阔叶林中或向阳的山坡上，为冬季蜜源植物。在我国广东、海南、广西、福建、台湾、浙江、贵州等省区均有。

【特征】常绿乔木。小枝粗壮。叶为掌状复叶，具长柄；小叶近革质，椭圆形、长椭圆形或倒卵状椭圆形，全缘或微向背面反卷，顶端急尖或短尖，基部阔楔形或楔形，幼时有星状绒毛，后近无毛。伞形花序再排成圆锥花序，每伞形花序有花3～8朵；花小，白色，芳香。核果圆球形，宿存花柱，柱头略膨大。

【药效与应用】树皮含挥发油、酚类、氨基酸和有机酸。水煎剂对溶血性金黄色葡萄球菌、大肠杆菌均有抑制作用。树皮、根入药。治疗感冒风热、咽喉肿痛；近有用于防治流行性感冒，外用可治疗跌打损伤或风湿骨痛。

常春藤

药材名：常春藤

Hedera nepalensis K. Koch var. *sinensis* (Tobl.) Rehd.

【分布】生于山坡林中，常攀缘于树干或岩壁上，各地常栽培。产于我国山东、江苏、浙江、安徽、江西、福建等地，广布于长江流域及以南各省和西南地区。

【特征】常绿藤本，茎长达20 m。具攀缘气根，小枝被锈色鳞片。单叶互生，革质，营养枝叶常为三角状卵形或三角状圆形，长5～12cm，宽3～10cm，全缘或3裂，花枝叶椭圆状卵形，叶下面和叶柄被鳞片。伞形花序单生或组成总状，花淡黄白色，芳香。核果球形，黄色或橙红色。花期8～9月，果期翌年3～4月。

【药效与应用】茎叶入药。有祛风利湿、解毒的功效，用于治疗风湿痹痛、瘫痪、口眼歪斜、衄血、月经不调、跌打损伤、疔疮痈肿、肝炎和蛇虫咬伤。果实有补肝肾、强腰膝、行气止痛的功效，用于治疗体虚羸弱、腰膝酸软、血痹、脘腹冷痛等。

刺楸

药材名：刺楸

Kalopanax septemlobus (Thunb.) Koidz.

【分布】生于山坡林中。分布于我国北自东北，南至广东、广西，西至四川、西藏的广大地区。

【特征】落叶乔木，高约20 m。树皮暗棕灰色。树干及小枝具宽扁粗皮刺，幼枝被白粉。单叶，在长枝上互生，在短枝上簇生，近圆形，掌状5～7浅裂，裂片宽三角状卵形，掌状脉五至七出，叶柄细长，长8～30cm。多数伞形花序组成伞房状圆锥花序，花白色。核果球形，蓝黑色，直径5 mm。种子2粒，扁平。花期7～8月，果期9～10月。

【药效与应用】树皮有祛风除湿、活血和杀虫止痒的功效，用于治疗风湿痹痛、肢体麻木、风火牙痛、跌打损伤、骨折、痈疽疮肿、口疮、痔肿和疥癣。根有凉血散瘀、祛风除湿、解毒的功效，用于治疗肠风下血、跌打损伤、骨折、周身水肿、疮疡肿毒和痔疮。叶有解毒消肿、祛风止痒的功效，用于治疗疮疡肿痛、风疹瘙痒、风湿痛和跌打肿痛。

鹅掌柴（七叶莲）

药材名：汉桃叶

Schefflera kwangsiensis Merr. ex Li

【分布】生于山谷或阴湿的疏林中。分布于我国贵州、广西、广东、浙江等省区。

【特征】常绿藤状灌木。全株有香气。茎绿色，有细纵纹，光滑无毛。叶互生，掌状复叶，小叶通常7枚；托叶在叶柄基部与叶柄合生，显著；网脉明显。伞形花序集成圆锥花序；花青白色，萼5齿裂；花瓣5，分离，卵形；雄蕊5枚。浆果球形，成熟时黄红色。花期4~6月，果期7~10月。

【药效与应用】茎叶含黏酸、延胡索酸、琥珀酸、苹果酸和酒石酸等有机酸类。用于治疗各种类型的疼痛以及神经性疼痛均有一定效果。此外，注射液做耳穴注射麻醉，用于口腔科拔牙、颌骨囊肿切除术均有较好的麻醉效果。茎叶入药。全年可采，洗净、切段晒干或烘干。用于治疗三叉神经痛、神经性头痛、坐骨神经痛、风湿关节痛、胃痛、肠和胆管疼痛、跌打骨折及外伤出血等。

楤木（鸟不宿）

药材名：楤木

Aralia chinensis L.

【分布】多野生于较阴的低山坡、林下、山谷沟边、林缘、郊野路边或旷地灌丛中。主要分布于我国黄河以南至长江流域各地。

【特征】落叶灌木或小乔木，高3～8m。茎枝疏生皮刺，幼枝被黄棕色绒毛。叶为二回或三回单数羽状复叶，有上叶5～11，基部另有小叶1对，小叶卵形、宽卵形或长卵形，边缘有细锯齿，上面疏生粗伏毛，下面有黄色或灰色短柔毛，沿脉尤密。伞形花序集成顶生大圆锥花序，被黄棕色或灰棕色短柔毛。果圆球形，有5棱，熟时黑色。

【药效与应用】根皮、树皮含三萜类皂苷有楤木皂苷A、楤木皂苷B等；另含原儿茶酸、鞣质、胆碱及挥发油等。能提高人体的免疫功能，有类似人参样作用，国外早已作为人参的代用品。体外抑菌试验表明，对金黄色葡萄球菌高度敏感，对醋酸及角叉菜所致的实验性关节炎有明显的抗炎作用。根皮入药。栽种2～3年的植株，秋冬即可挖根。树皮亦可同时采集，野生的楤木，全年可采。将挖取的根部洗净，剥取根皮及树皮，切段晒干。用量15～30g，煎服或浸酒服；外用适量鲜品捣敷患处。用于治疗腰肌劳损、腹水、胃病、骨髓炎、急性或慢性肝炎等。

五加皮（细柱五加）

药材名：五加皮

Acanthopanax gracilistylus W. W. Smith

【分布】生于山坡、丘陵、河边等较潮湿处，有人工栽培。分布于我国湖北、河南、山东、陕西等省。

【特征】落叶灌木，高2～3 m。枝无刺或于叶柄基部单生扁平的刺。掌状复叶在长枝上互生，在短枝上簇生，小叶通常5片，中央1片最大，倒卵开或倒披针形，长3～8 cm，宽1～3.5 cm，边缘具钝细锯齿，两面无毛或沿脉疏生刚毛，下面脉腋有淡棕色毛。伞形花序腋生或单生于短枝上，花小。核果浆果状，近球形，黑色。种子2粒，扁平，细小。花期4～7月，果期9～10月。

【药效与应用】含硬脂酸、芝麻素、β-谷甾醇、紫丁香苷、β-谷甾醇葡萄糖苷等。另含挥发油及树脂。药理实验表明，水煎剂对金黄色葡萄球菌、绿脓杆菌有抑制作用。用于治疗风湿痹痛、筋骨痿软、小儿行迟、体虚乏力、水肿、脚气等。树皮、根皮入药。①治跌打损伤：鲜五加皮根120 g、土鳖虫3 g，酒煎内服；②治肠风下血：五加皮及漏芦根，炖猪大肠服。

刺五加（老虎獠）

药材名：刺五加

Acanthopanax senticosus (Ruper. et Maxim.)

【分布】 生于山地林下及林缘。分布于我国黑龙江、吉林、辽宁、河北、山西等省。

【特征】 落叶灌木，高达2 m。茎通常密生细长倒刺。掌状复叶，互生，叶柄具细刺或无刺，被疏毛或无毛，小叶5片，小叶柄被褐色毛，小叶椭圆状倒卵形至长圆形，先端渐尖或突尖，基部楔形，边缘具尖锐重锯齿或锯齿，上面稍被短毛或无毛，下面沿脉上密生淡褐色毛。伞形花序顶生，花多而密，花萼绿色，花瓣5片。核果浆果状，近球形或卵形。

【药效与应用】 刺五加的根含有多种糖苷，有类似人参根中皂苷的生理活性。刺五加有明显镇静作用，能改善大脑的兴奋、抑制过程，增强学习记忆力，提高工作效率；对心血管系统有保护作用；能抗肿瘤；具适应原样作用和免疫调节作用。根、茎、叶入药。人工栽培的分蘖株生长3～4年后采收，实生苗需要更长的时间才能采收。9月下旬至10月中旬或春季树液流动前采收根、根茎，去掉泥土，切成长30～40 cm的段，晒干捆成小捆，或切成长5 cm的小段，晒干后装袋保存。有的地区于夏秋季挖取根部，洗净，剥取根皮，晒干后，放干燥处贮存。用于治疗脾肾阳虚、腰膝酸软、体虚乏力、失眠、多梦和食欲不振。

楸（楸树）

药材名：楸皮

Catalpa bungei C. A. Mey.

【分布】产于我国山东、江苏、安徽、浙江等地，广布于黄河流域和长江流域，西南至云南、贵州等省，现广为人工栽培。

【特征】落叶乔木，高达20 m。树干通直，树皮灰色。单叶对生，三角状卵状形，长6～15 cm，先端长渐尖，基部平截或心形，有时基部具2～3齿，两面无毛，基部三出脉，下面基部脉腋有圆形腺体。伞房状总状花序顶生，花冠钟状，二唇形，长3～3.5cm，淡红色，内面有2条黄色条纹和暗紫色斑点。蒴果线形，长25～45 cm，直径约6 mm，2瓣裂。种子两端有长毛。花期5～6月，果期6～10月。

【药效与应用】根皮、树皮入药：有清热解毒、祛瘀消肿、降逆气的功效，用于治疗跌打骨损、痈疮肿毒、痔瘘、咳嗽和吐逆。叶外用：可治疗疮疡脓肿。果实有清热利尿的功效，用于治疗尿路结石或感染。

通脱木（通木）

药材名：通木

Tetrapanax papyriferus (Hook.) K. Koch

【分布】生于向阳山坡、屋旁、路边及杂木林中。分布于我国湖南、湖北、福建、台湾等省。

【特征】灌木或小乔木。幼枝、叶背及花序被白色或褐色星状毛。髓大、白色、纸质。叶大，聚生茎顶，直径50～70cm，5～11掌状分裂，每一裂片又2～3裂，基部心形，全缘或有粗齿；叶柄粗长，托叶膜质，锥形，基部合生。多数球状伞形花序集成大型复圆锥花序；花小，花萼不明显。核果状浆果扁球形，紫黑色。花期10～12月。

【药效与应用】茎含肌醇，另含多聚戊糖约14.3%、多聚甲基戊糖约3%以及阿拉伯糖、葡萄糖、果糖、乳糖、果胶和半乳糖醛酸。新鲜通脱木叶的甲醇提取物分离出的三萜糖苷具有抗炎作用。茎、叶入药。可用于治疗湿热尿赤、淋沥涩痛、水肿尿少、乳汁不下等。孕妇慎用。

76. 楝科 Meliaceae

香椿（红椿）

药材名：椿皮

Toona sinensis (A. Juss.) Roem

【分布】各地均有栽培，多种植于村边路旁。分布于我国华北至西南各地。

【特征】落叶乔木，高达15 m。树皮暗褐色，片状剥落；幼枝有柔毛。双数羽状复叶，长25～50 cm，有特殊香气；小叶10～22片，对生，长圆形或长圆形披针形，长8～15 cm，无毛或下面脉腋有长束毛。圆锥花序顶生，花芳香。蒴果卵圆形，长1.5～2.5 cm。种子椭圆形，一端有膜质长翅。花期5～6月，果期8月。

【药效与应用】树皮含川楝素、甾醇、鞣质。川楝素可驱蛔虫，作用慢而持久，能透过虫体表皮而作用于肌肉，使虫体三磷腺苷分解加速，能量供不应求，最终使虫体不能附着肠壁而被驱除出体外。树皮入药。培育20～30年，砍伐时剥取树皮及根皮，刮去粗皮，取韧皮部，晒干或烘干。用于治疗久泻、久痢，月经过多、崩漏不止、肠风便血、湿热带下、膀胱湿热和尿涩不利。此外，尚有杀虫作用，可治疗蛔虫病、癣疮和阴道滴虫病等。

米仔兰（米兰）

药材名：米兰

Aglaia odorata Lour.

【分布】我国华东地区多有栽培，冬季需移至温室内，自然分布于广东、海南、广西等省区。

【特征】常绿灌木或小乔木，高可达8 m。茎多分枝，幼枝顶端被星状锈色鳞片。奇数羽状复叶，互生，小叶3～5枚，倒卵形，叶轴及叶柄具窄翅。圆锥花序腋生，花杂性，雌雄异株，花小黄色，极香。浆果卵形或近球形，直径约1cm，朱红色，初被星状鳞片。花期6～11月。

【药效与应用】枝叶入药：有祛风湿、活血、散瘀消肿的功效，用于治疗风湿性关节痛、跌打损伤。花入药：有行气宽中、宣肺止咳的功效，用于治疗胸膈满闷、噎嗝初起、感冒咳嗽等。

苦楝（苦楝树）

药材名：苦皮、苦楝果

Melia azedarach L.

【分布】生长或栽培于路旁、篱边。分布于我国云南、广西、广东、四川、台湾等省区。

【特征】落叶乔木，高5～20 m。树皮纵裂。二至三回奇数羽状复叶，互生；小叶卵形至椭圆形，长3～7 cm，宽2～3 cm，边缘有钝锯齿，幼时有星状毛。圆锥花序与叶等长，腋生；花紫色或淡紫色，长约1 cm；花丝合生呈筒状。核果短矩圆形近球形，淡黄色。花期4～5月，果期10～11月。

【药效与应用】树皮、根皮、果实入药。树皮及根皮含有苦楝素及川楝素、苦楝酮、苦楝内酯、苦洛内酯及苦楝子三醇。另有β-谷甾醇、正卅烷及水溶性成分。可用于治疗蛔蛲虫病、虫积腹痛等。

77. 夹竹桃科　Apocynaceae

夹竹桃（红花夹竹桃、柳叶夹竹桃）

药材名：夹竹桃

Nerium oleander L.

【分布】在我国华南地区是极常见的庭院观赏植物，北京也普遍盆栽，未见野生。全国各地均有栽培。

【特征】常绿灌木，高达5 m。叶三轮，狭披针形，长11～15 cm，全缘而略反卷，硬革质。花冠通常为粉红色，漏斗状，直径2.5～5 cm，顶生聚散花序。夏季开花，果条状长10～18 cm。

【药效与应用】本种主要含强心苷，以新鲜的地上部位含量较高，地下部位和干燥后含量较低。强心苷是本种的有毒成分。树皮含多种强心苷：夹竹桃苷、阿迪夹竹桃苷及齐墩果酸、乌羧和芦丁等。乳汁中也含多种强心苷，如夹竹桃苷A、阿迪夹竹桃苷等。此外，根含有鸡蛋花素。树皮、枝、叶、花入药。叶和树皮有强心利尿、祛痰定喘、镇痛和祛瘀的功效，但毒性很大，应慎用。

鸡蛋花（缅栀子）

药材名：鸡蛋花

Plumeria rubra (Acutifolia)

【分布】在我国福建、广东、广西、云南等省区均有栽培。

【特征】落叶小乔木，高达5 m。枝粗肥多肉，三叉有乳汁。单叶互生，常集生枝端，倒卵状长椭圆形，长10～20 cm，两端尖，全缘羽状侧脉至近叶缘相连。花冠漏斗状，5裂，外面白色，里面基部黄色，芳香，呈顶生聚伞花序。果双生，长10～20 cm。花期7～8月。

【药效与应用】树皮含α-香树脂醇、谷甾醇、黄鸡蛋花素、鸡蛋花苷等。在白鸡蛋花根中含环萜烯醚萜类成分，主要有鸡蛋花素（具有抗真菌活性）、异鸡蛋花素、黄鸡蛋花素和鸡蛋花苷。花入药。味甘，性凉。有清热解暑、利湿消炎的功效，可用于防治中暑、肠炎、菌痢、消化不良、小儿疳积、肝炎、支气管炎等。

罗布麻（小赤麻）

药材名：罗布麻叶

Apocynum venetum L.

【分布】生于河岸沙质地、山沟沙地、多石的山坡及盐碱地。分布于我国华北、西北和东北、华东各地。

【特征】直立半灌木，高1～4 m。有乳汁。枝常对生，紫红色或淡红色。叶对生，椭圆状披针形或卵圆状矩圆形，长1～8 cm，宽0.5～2.2 cm，叶缘具细齿；叶柄短。聚伞花序生于茎端或分枝上；花萼5深裂，被短毛；花冠粉红色或浅紫色，钟形，先端5裂，两面具颗粒突起。蓇葖果平行或叉生。种子顶端簇生白色细长毛。花期4～9月，果期7～12月。

【药效与应用】叶含黄酮类化合物，含量达2%。另含儿茶素、蒽醌、谷氨酸、丙氨酸、缬氨酸、氯化钾等，预试尚含甾体化合物。叶入药。有降压作用，同时还具有止咳、祛痰和利尿等作用。可用于治疗肝阳眩晕、心悸失眠、浮肿尿少、高血压、神经衰弱和肾炎浮肿等。

黄花夹竹桃（番仔桃）

药材名：黄花夹竹桃

Thevetia peruviana (Pers.) K. Schum.

【分布】在我国河北、江苏、福建、台湾、湖南、广东、广西、云南等省区均有人工栽培，在海南有时呈野生状态。

【特征】常绿灌木或小乔木，高达5 m。体内有乳汁。单叶互生，线形至线状披针形，长10～15 cm，全缘，表面有光泽，两面无毛。花大黄色，顶生聚伞花序，核果扁三角状球形。

【药效与应用】种仁含6种强心苷：黄夹苷甲、黄夹苷乙、黄夹次苷甲、黄夹次苷乙、黄夹次苷丙、单乙酰黄夹次苷乙。此外，种子尚含黄夹共酮苷、黄夹臭蚁醛甲酯苷和黄夹臭蚁醛苷。叶含黄夹苷乙。叶和茎含白坚皮醇。茎皮含黄夹臭蚁醛甲酯苷、黄夹次苷乙。叶入药：味辛，性温，有大毒。具有解毒消肿的功效，外用治疗蛇头疔。种子为提制“强心灵”的原料。“强心灵”用于治疗心脏病引起的心力衰竭、阵发性心房纤颤等。全株有大毒，慎用。

尖山橙（竹藤、山橙子）

药材名：尖山橙

Melodinus fusiformis Champ. ex Benth.

【分布】生于海拔300～1 400 m的山地疏林中或山坡、山谷水沟边。分布于我国广东、福建、广西和贵州等省区。

【特征】木质藤本。具乳汁。幼枝、嫩叶、叶柄、花序被短微毛，渐变无毛。叶对生，近革质，椭圆形或短圆形、稀椭圆状披针形，基部楔形。花序顶生；花萼5深裂，裂片矩圆形，顶端急尖；花冠白色，高脚碟状，花冠裂片5，长卵圆形或倒披针形，比花冠筒长，向左覆盖；雄蕊5枚，生花冠筒下部。浆果椭圆形，橙黄色，顶端短尖，基部圆形或钝。花期4～9月，果期6月至翌年3月。

【药效与应用】味苦，性凉。具活血、祛风、补肺、通乳的功效。果实有毒，误食能致呕吐。单味煎服，可治疗风湿性心脏病。

倒吊笔（神仙蜡烛）

药材名：神仙蜡烛

Wrightia pubescens R. Br.

【分布】分布于我国广东、广西、贵州和云南等省区。

【特征】落叶乔木，高达20 m。有丰富的乳汁。干上皮孔横条状凸起。单叶对生，卵状椭圆形，长5～12 cm，全缘，小枝及叶密生短柔毛。花冠漏斗状，白色至淡粉红色，4～8月开花。果长柱状，2个并生。种子一端有长毛。

【药效与应用】根、茎、叶入药。①根、树皮入药：味甘，性平。有祛风利湿、化痰散结的功效，用于治疗风湿性关节炎、颈淋巴结核、腰腿痛、慢性支气管炎、黄疸型肝炎、肝硬化腹水和白带等。②叶入药：味甘，性平。有祛风解表的功效，用于治疗感冒发烧。

萝芙木（羊屎子）

药材名：萝芙木

Rauvolfia verticillata (Lour.) Baill.

【分布】在我国广东、广西、贵州和云南等省区均有分布，浙江、福建、四川等地有少量人工栽培。

【特征】直立常绿灌木，高可达3 m。具乳汁。茎下部有圆形淡黄色皮孔，上部枝条有棱。单叶对生或3～4叶轮生，长椭圆状披针形，全缘或微波状，长4～16cm，宽1～3cm。聚伞花序顶生，核果卵圆形或椭圆形，长约1cm，宽约0.5cm，成熟后紫黑色。花期3～12月，果期1月至立春。

【药效与应用】根含多种生物碱，如利血平、育亨宾、毛萝芙木碱、四氢萝芙木碱、萝芙木碱、山马蹄碱。茎皮含利血平、萝芙木碱、蛇根碱、育亨宾、四氢萝芙木碱和维洛斯明碱。木质部分含萝芙木碱、育亨宾、维洛斯明碱、霹雳萝芙木碱。叶含马蹄叶碱。根、茎和叶入药。味苦，性寒，有小毒。具有泻肝火、镇静、散瘀、止痛的功效，可用于治疗高血压及由此引起的头痛、失眠、眩晕，癫痫、急性黄疸型肝炎、疟疾、蛇咬伤、喉痛和腰痛等。

软枝黄蝉

药材名：黄蝉

Allamanda cathartica L.

【分布】在我国福建、台湾、广东、广西、云南等省区均有栽培。

【特征】常绿藤状灌木，高4 m。叶近无柄3～4枚轮生，有时对生，长椭圆形，长10～15 cm，两端尖，仅背脉有毛。花冠黄色，漏斗状，长7～10cm，直径5～7 cm，花期7～10月。蒴果球形，密生长刺。

【药效与应用】全株含多种倍半萜衍生物，如黄蝉素、阿兰丁、阿兰马丁、鸡蛋花素、异鸡蛋花素以及鸡蛋花苷。茎、叶可作泻剂。但本种有毒，易引起腹痛。内服、煎汤，3～6g，用于治疗便秘。

羊角拗（羊角扭）

药材名：羊角拗

Strophanthus divaricatus (Lour.) Hook.

【分布】生于山坡或丛林中。分布于我国广东、贵州、广西等省区。

【特征】常绿直立或攀缘状灌木。小枝棕褐色有白色皮孔。全株有乳汁。叶对生，具短柄；叶片椭圆形或矩形。花黄白色，顶生或3花合生成聚伞花序。蓇葖果木质，双出扩展，长披针形，形似“羊角”，内含种子多数。种子线形而扁，顶端有一束白色丝状长毛。花期3～4月，果期8～9月。

【药效与应用】羊角拗的种子、茎和叶具有祛风湿、通经络、解疮毒、杀虫的功效，可用于治疗风湿肿痛、小儿麻痹症、跌打损伤、痈疮和疥癣等。本品有毒，禁内服，只可外用，以适量捣敷或煎洗。根、茎、叶入药。①叶适量煎洗，治疗风湿肿痛、小儿麻痹后遗症、疥癣；②叶粉末适量，用酒水调和温敷，治疗多发性脓肿、毒蛇咬伤和跌打骨折。

络石（羊角藤）

药材名：络石藤

Trachelospermum jasminoides (Lindl.) Lem.

【分布】 生于山野、溪边、路旁、林缘或杂木林中，常缠绕于树上或攀缘于墙壁上和岩石上。分布于我国华东、华南和华北等地。

【特征】 常绿木质藤本。叶椭圆形或披针形，绿色；叶柄短，被短柔毛。二歧聚伞花序腋生或顶生，花多朵组成圆锥状；黄白色，芳香；花蕾顶部钝；雄蕊着生在冠筒中部，花药顶端隐藏在花喉内；花萼裂片反曲。蓇葖果叉生。花期3～7月，果期7～12月。

【药效与应用】 带叶藤茎入药。味苦，性微寒。有祛风通络、凉血消肿的功效。主要治疗风湿热痹、筋脉拘挛、腰膝酸痛、喉痹、痈肿和跌打损伤等。

糖胶树（面条树、盆架子）

药材名：灯台叶

Alstonia scholaris (Linn.) R. Brown

【分布】生于海拔650 m以下的低丘陵山地疏林中或水沟边。分布于我国广西和云南等地。

【特征】常绿乔木。叶无毛，灰绿色。花盘环状，花白色，多朵组成稠密的聚伞花序，顶生，被柔毛；花冠高脚碟状，中部以上膨大，裂片在花蕾时或裂片基部向左覆盖；子房由2枚离生心皮组成，密被柔毛。蓇葖果2个。花期6～11月，果期10月至翌年4月。

【药效与应用】叶入药。味微苦，性寒。有清热解毒、止血消肿的功效。主要治疗感冒、肺炎、百日咳、妊娠呕吐、溃疡出血、跌打创伤等。

海芒果（海杧果、海檬果）

药材名：海芒果

Cerbera manghas L.

【分布】产于我国广东、广西、台湾和海南等省区，以及澳大利亚。

【特征】常绿小乔木。高达5 m，有乳汁。单叶互生，集生枝端，倒披针形，长10～15 cm，全缘，有光泽；羽状脉细，在背面凸起，在近叶缘处相连。花冠高脚碟状，白色，中心部带红色；聚伞花序；花期6月。核果卵形，熟时红色。

【药效与应用】树液、树皮和叶能制药，有催吐、下泻等功效。种仁提取物质分子结构与异羟洋地黄毒苷（强心剂）非常相似。有强心功能。海芒果毒性强烈，人畜误食能致死，不可内服。

78. 茄科 Solanaceae

曼陀罗

药材名：洋金花

Datura metel L.

【分布】生于山坡草地、田间、路旁、水沟或住宅附近土质肥沃处。分布于我国江苏、浙江和福建等省。

【特征】呈半灌木状，全株近无毛。茎基部木质，上部叉状分枝。叶互生，上部叶近对生；叶片卵形或广卵形，全缘或有波状齿。花单生；花萼筒状，稍有棱状，先端5裂；花冠白色，漏斗状，在蕾中对折而旋转，冠筒中部以下较小，淡绿色，有5棱，先端5裂，各棱达裂片尖端，两侧各有一纵脉，平行直达裂片边缘。蒴果生于倾斜的果柄上，扁球形，表面疏生短刺，熟时瓣裂，宿存萼筒基部呈浅盘状。花期3～11月，果期4～11月。

【药效与应用】4～11月花初开时采收，晒干或低温干燥。花含总生物碱达0.82%，主要为莨菪烷型生物碱、东莨菪碱及莨菪碱。《中华人民共和国药典》规定，本品的生物碱含量以东莨菪碱计，不得少于0.30%。应用HPLC测定了不同采收期花中的东莨菪碱及莨菪碱的含量，结果以花盛开期为最高。本品有镇痛、抗心律失常、增加心血排出量、改善微循环、松弛平滑肌、祛痰、抗炎、抗氧化、抗溃疡等作用。花、全株入药。用量0.3～0.6 g。干叶作卷烟吸，每日不超过1.5 g；外用适量，煎汤洗或研末外敷。用于治疗哮喘咳嗽、心腹疼痛、风湿痹痛、跌打损伤、癫痫及小儿慢惊风等。表证未解，痰多黏稠者忌用；青光眼患者忌用，高血压、心脏病以及孕妇、体弱者慎用。

紫花曼陀罗

药材名：紫花曼陀罗

Darura tatula L.

【分布】生于山坡草地、路边、田边和房前屋后，也有人工栽培。分布于我国长江流域各地。

【特征】高30～80 cm，最高可达1 m以上。茎基部木质化，粗壮，上部呈二叉状分枝，无毛，带紫色。叶互生，有略带紫色长柄；宽卵形或宽椭圆形，长8～16 cm，宽4～10 cm；边缘有不整齐的波状大齿。花单生于叶腋或枝的分叉处；花萼长2.5～3.5 cm，上部略具有淡紫色，萼裂长约0.5 cm，卵状披针形；花冠漏斗状，紫色，长6～10 cm；蒴果生于直立的果梗上，卵形或卵状球形，密生粗壮而坚硬的针状刺，成熟后4瓣开裂。种子多数，黑色或淡褐色。

【药效与应用】全株各部均含生物碱；叶和梢部分含生物碱0.2%～0.4%，偶可达0.7%，主要为莨菪碱，并含少量东莨菪碱；根中含生物碱约0.12%。花、全株入药。用于治疗支气管哮喘、慢性喘息性支气管炎、胃痛、牙痛、风湿痛、损伤疼痛和手术麻醉等。

枸杞子（宁夏枸杞）

药材名：杞子

Lycium barbarum L.

【分布】野生和栽培均有。分布于我国河北、内蒙古、陕西、宁夏等省区。

【特征】灌木。主茎粗壮，先端通常弯曲下垂，外皮淡灰黄色。叶互生或数片簇生于短枝上；叶片卵状披针形，全缘。花腋生，常单一或2～6朵簇生于短枝上，花萼钟状，先端多2～3裂，花冠漏斗状，先端5裂，粉红色或淡紫色，具暗紫色脉纹，边缘有疏纤毛；雌蕊5枚，外露。浆果椭圆形，红色。种子多数。花期6～9月，果期7～10月。

【药效与应用】成熟果实含桂皮酸和大量的酚类物质等，对结核病及慢性炎症引起的低热、潮热等有较好功效，并能改善口渴及降低血糖、血压症状。果实入药。用于治疗阴虚潮热、骨蒸盗汗、肺热咳嗽、咯血、衄血和内热消渴。

79. 马鞭草科 Verbenaceae

海州常山

药材名：臭梧桐

Clerodendrum trichotomum Thunb.

【分布】生于山坡灌丛中。产于我国山东、江苏、浙江、安徽、江西、福建及台湾，分布于华北、华中、西南及辽宁、甘肃等地。

【特征】落叶小乔木或灌木，高达10 m。老枝灰白色，髓白色，有淡黄色薄片状横隔。叶宽卵形或卵形，长5～16 cm，全缘，两面幼时被白色柔毛。聚伞花序集成疏松的伞房状，顶生或腋生，花萼紫红色，有5棱脊，花冠白色或粉红色，冠筒长约2 cm。核果近球形，蓝紫色，包藏于增大的宿萼内。花果期6～11月。

【药效与应用】嫩枝及叶有祛风除湿、平肝降压、解毒杀虫的功效，用于治疗风湿痹痛、半身不遂、高血压病、偏头痛、疟疾、痢疾、痈疽疮毒和湿疹疥癣。花有祛风、降压、止痢的功效，用于治疗高血压病、痢疾、疝气。果实有祛风、止痛、平喘的功效，用于治疗风湿痹痛、牙痛、气喘。根有祛风止痛、行气消食的功效。用于治疗风湿痹痛、食积气滞、脘腹胀满、小儿疳积、跌打损伤和乳痈肿毒。

蔓荆（白粘木）

药材名：蔓荆子

Vitex trifolia L. var. *simplicifolia* Cham

【分布】生于海边、湖畔或沙滩上。主产于我国山东、江苏和浙江等省。

【特征】落叶灌木，高约3 m。幼枝四方形，密被细绒毛；老枝圆形，无毛。叶对生，倒卵形，长2～5cm，宽1～3 cm，先端圆形，下面密生灰白色绒毛。圆锥花序顶生。核果球形，熟后黑色。花期7月，果期9月。

【药效与应用】果实含挥发油，油含α-莰烯、蒎烯、乙酸松油醇酯，二萜醇。叶还含紫花牡荆素、木草素-7-葡萄糖苷和四羟基甲氧基黄酮-α-D-葡萄糖苷。具有镇痛镇静、抗炎、降血压、抗菌和祛痰的功效。提取物有抗凝及抑制黑色素形成的作用。果实入药。果实10 g用水煎服，或捣汁冲酒饮。外用捣敷。可治疗跌打损伤、头风痛。用于治疗风热感冒头痛、齿龈肿痛、目赤多泪、目暗不明和头晕目眩。

臭牡丹（红臭牡丹）

药材名：臭牡丹

Clerodendrum bungei Steud.

【分布】 生于旷野、荒坡、沟边及林缘。分布于我国河北、河南、陕西、山西、湖南和湖北等省。

【特征】 为落叶灌木，高1～2 m。根肉质，断面黄白色。小枝被柔毛。叶对生，有较长的柄，叶片纸质，阔卵形至阔卵状心形，长7～20cm，宽6～16 cm，顶端短尖，基部心形，边缘有粗锯齿近全缘，两面均被柔毛。头状花序顶生，总花梗较短；花萼小，先端具齿5枚；花玫瑰红色，花冠管纤细，裂片5枚，倒卵状匙形，伸展；雄蕊4枚，与花冠管近等长，花柱伸出，略短于雄蕊。核果近球形，黑紫色，具宿存花萼。花期5～7月。

【药效与应用】 茎、叶、根入药。味辛，性平。具活血散瘀、消肿解毒的功效。叶含生物碱，茎叶含乳酸镁、琥珀酸、茴香酸和香草酸等成分。现代药理实验结果表明，水煎醇提取物及其总生物碱有增强子宫收缩力的作用。鲜茎叶 1 ～ 1.5 kg，切碎，投入粪坑中，能杀灭蛆虫。用量 10 ～ 15 g（鲜用 30 ～ 60 g），水煎服，用于治疗痈疽、疔疮、乳腺炎、关节炎、湿疹、牙痛、痔疮、脱肛、子宫脱垂。治疗湿疹及定位性药疹：将茎叶晒干研粉，用时将药粉夹于单层纱布内，以温开水浸湿，敷于患处，每天 1 次。

牡荆（五指风、布荆叶）

药材名：黄荆

Vitex negundo L. var. cannabifolia (Sieb. et Zucc.) Hand. Mazz

【分布】生于山坡、林下和路旁。分布于我国华东、华南和西南各地。

【特征】落叶灌木，高5 m。有香气。嫩茎方形，密被细毛。叶对生；掌状五出复叶，中间3小叶披针形，先端长尖，基部楔形，边具粗锯齿；两面有细微油点，沿叶脉有短细毛，嫩叶背面毛较密；两侧小叶卵形。圆锥花序顶生。浆果黑色。花期6～7月。

【药效与应用】果实、根、茎、叶入药。茎、叶具有可祛风解表、除湿、杀虫、止痛的功效。可治疗风寒感冒、痧气腹痛吐泻、痢疾、风湿痛、脚气、流火、痈肿和足癣等。煎服9～15 g。外用适量，捣敷煎汤熏洗。①鲜品煎服，可治风寒感冒、急性胃炎、预防中暑；②和冰糖冲开水炖服，治久痢不愈；③鲜叶嚼服，可治痧气腹痛吐泻；④配马尾松鲜叶、油茶子饼等量，煎汤熏洗，治足癣。

大叶紫珠

药材名：紫珠

Callicarpa macrophylla Vahl

【分布】 生于海拔140～1 600 m山坡路旁灌丛中。分布于我国华南及西南各地。

【特征】 灌木至小乔木。嫩枝密生灰白色长绒毛。叶片长椭圆至椭圆状披针形，长10～23 cm，宽5～11 cm。花冠紫红色。果实球形，紫红色，有腺点。

【药效与应用】 大叶紫珠具有止血、止痛、散瘀消肿的功效。可治疗消化道出血、咯血、衄血、创伤出血、拔牙出血、跌打肿痛和风湿骨痛。煎服15～30 g。叶外用，研末撒或捣敷。①单味煎服，可治疗胃、十二指肠出血，肺热咯血；②叶研末撒，可治疗创伤出血和拔牙出血。

状元红

药材名：状元红

Clerodendron japonicum (Thunb.) Sweet

【分布】 生于山谷、村边、灌丛中。在我国华东、华南及西南地区均有分布。

【特征】 落叶灌木，高1～3 m。茎上密被细柔毛。单叶对生；叶片广卵圆形，边缘有锯齿，上面深绿，下面密被小圆形鳞片。疏松聚伞花序，并形成圆锥花序，顶生；花萼红色，5深裂，裂片长披针形；花冠鲜红色。核果包于萼筒内，球形或倒卵形，果皮具汁，裂为2或4个小坚果。花期6～7月。

【药效与应用】 根茎具有祛风利湿、散瘀消肿的功效。用于治疗腰肌劳损、跌打损伤，肺结核咳嗽、咯血；外用治疗疮疖肿。煎服（或水酒煎）9～15 g（鲜品30～60 g）；或研末服。

尖尾风（穿骨风）

药材名：尖尾风

Callicarpa longissima (Hemsl.) Merr.

【分布】生于山坡、山谷、村庄附近或旷野中。在我国台湾、福建、江西、广东、广西和四川等省区均有分布。

【特征】灌木至小乔木。小枝四方形，除节上有一圈柔毛外，其余都无毛。叶片披针形至狭椭圆形。聚伞花序腋生，紫红色。果实扁球形，有红色腺点。

【药效与应用】叶、根入药。叶具有散瘀止血、祛风止痛的功效。可治疗咯血、吐血、风湿疼痛、外伤出血。

灯笼草（红灯笼）

药材名：鬼灯笼

Clerodendron fortunatum L.

【分布】生于丘陵或旷野。在我国福建、河南、广东、广西等省区均有分布。

【特征】常绿小灌木，高0.3～1 m。幼枝被黄褐色小柔毛。叶对生，具柄，纸质；叶片矩圆形至狭矩圆状披针形，先端渐尖，基部阔楔尖，边全缘或略作波浪形，近秃净，背脉明显。聚伞花序腋生。核果球形，包藏于萼内。花期7月。

【药效与应用】全株入药。具有清热解毒、利咽止咳、活血止痛的功效。煎服10～15 g（鲜品30～60 g）。根皮与猪肉炖服，治血瘙身痒；煎汤加蜜调服，可治疗感冒咳嗽和咽喉肿痛。外用适量捣敷。

大青（路边青叶）

药材名：大青叶、大青根

Cleredendrumcwtophyllum Turcz.

【分布】生于丘陵、平原、林边和路旁。分布于我国中部和南部各省区。

【特征】灌木，高3 m。幼枝被柔毛。叶对生，长椭圆形至卵状椭圆形，顶端尖或渐尖，基部圆形或宽楔形，全缘，两面散生白色短毛。伞房状聚伞花序，顶生或腋生，花有柑橘香味；花萼钟状，粉红色，结果时增大，变紫红色。果实卵圆形，成熟时蓝紫色。

【药效与应用】根、叶入药。叶7～8月采收，根全年采收。味苦，性寒。具有清热、解毒、凉血、止血、祛风、除湿的功效。治疗温病热盛烦渴、流行性感冒、急性传染性肝炎、菌痢、急性胃肠炎、急性肺炎、丹毒、吐血、衄血、黄疸、痢疾、喉痹、口疮和痈疽肿毒。煎服9～15 g（鲜品30～60 g）；或捣汁服。外用适量，捣敷或煎洗。①根单味煎服，可治疗流行性乙型脑炎、流行性感冒、感冒发热、腮腺炎、热痢和偏头痛；②根配淡竹叶（有小块根者）、桑叶、栀子，可治疗麻疹后之烦乱、咳嗽痰多；③根配石膏，可治疗高热头痛等症；④叶配丹参、大枣，可治疗无黄疸肝炎。

马缨丹（五色花）

药材名：五色梅

Lantana camara L.

【分布】野生于村落旁或栽培于庭园。分布于我国广东、广西、福建、江西、湖南等省区。

【特征】常绿半藤状灌木。茎枝无刺或有下弯钩刺。叶对生；卵形或矩圆状卵形，边缘有钝齿，上面粗糙而有短刺毛，下面被小刚毛。头状花序稠密，花冠粉红色、红色，花冠筒细长。核果形，肉质，成熟时紫黑色，全年开花。

【药效与应用】叶含马缨丹烯（马缨丹烯对羊有毒），另含三萜类马缨赋有酸和马缨丹异酸、还原糖、鞣质、树脂，以及生物碱。此外，还含挥发油0.16%~0.2%。嫩枝也含马缨丹烯A。家畜喂给叶后可致慢性中毒死亡，引起中毒的成分为马缨丹烯A。绵羊用2 g可致严重黄疸及对光敏感，对小牛也产生类似作用。马缨丹烯A有解热作用。另含生物碱，可治疗哮喘性支气管扩张、高血压、发热等疾患。此外，根可治久热不退、风湿骨痛、腮腺炎、肺结核；鲜花煎服可治腹痛吐泻；茎叶煎水洗治疥癞、皮炎。鲜花、叶捣烂外擦治跌打损伤。花、根入药。采收加工：全年采收，鲜花鲜用或晒干。味苦、微甘，性凉，有毒。有清热、止血功效。用量5~10 g，煎汤服。主治肺痨咯血、腹痛吐泻、湿疹。①鲜品煎洗，治皮炎、湿疹瘙痒；②叶或嫩枝配山芝麻，治感冒风热；③根配石膏，治风火牙痛。

假连翘（篱笆树）

药材名：假连翘

Duranta repens L.

【分布】人工栽培，产于我国南部各省区。

【特征】灌木。枝条有皮刺。叶对生，叶片卵状椭圆形或卵状披针形，纸质，全缘或中部以上有锯齿。总状花序顶生或腋生，常排成圆锥状；花萼管状，5裂，有5棱；花冠通常蓝紫色，5裂，裂片平展，内外有微毛；雄蕊4枚，花丝短，内藏；花柱短于花冠管。核果球形，熟时红黄色。花果期5～10月，南方几乎全年。

【药效与应用】果实、叶入药。果实：味甘、微辛，性温，有小毒。有截疟、活血止痛的功效，主治疟疾、跌打肿痛。叶：味甘、微辛，性温，有小毒。有散瘀、解毒的功效，主治跌打瘀肿、痈肿等。

80. 旋花科 Convolvulaceae

丁公藤（盲公藤）

药材名：丁公藤

Erycibe obtusifolia Benth.

【分布】生于山谷湿润密林中或路旁灌丛。分布于我国广东、海南、云南等省。

【特征】高大木质藤本。小枝黄绿色，有明显的棱，无毛。叶互生，淡红色，革质，椭圆形或长卵形，顶端钝圆，基部渐窄呈楔形，两面有毛，侧脉4～7对，在叶背面微突起，至边缘以内网结上举。聚伞花序集成圆锥状，腋生或顶生。浆果卵状椭圆形。

【药效与应用】藤茎含包公藤甲素、包公藤丙素、凹脉丁公藤碱、东莨菪素、东莨菪苷等及酚酯类和有机胺等。丁公藤碱Ⅱ可作为丁公藤的鉴别。丁公藤乙素具抗炎镇痛作用，并能解痉；丁公藤甲素具缩瞳、降眼压作用，并有强心作用。临床用于治疗慢性风湿性关节炎、青光眼和各种疼痛等症。藤、茎、根入药。全年均可采收，切成段或片，晒干。用时3～6 g，配制酒剂，内服或外搽。用于治疗风湿痹痛、半身不遂、跌打肿痛。本品有强烈的发汗作用，虚弱者慎用，孕妇忌服。

81. 远志科　Polygaceae

黄花倒水莲（倒吊黄花、倒吊黄）

药材名：黄花吊水莲

Polygala aureocauda Dunn

【分布】生于山谷、溪旁或湿润的灌木丛中。分布于我国广东、福建、江西、湖南、广西和云南等省区。

【特征】常绿灌木。枝灰绿色，被短柔毛。叶互生，纸质，柔软，长圆柱披针形至披针形，顶端常渐尖，基部钝至近楔形，全缘或不整齐的微波状，两面均被短柔毛，中脉在上面压入，侧脉每边7～9条，稍疏离。花稍大，两侧对称，纯黄色，组成顶生、下垂的总状花序。蒴果阔倒心形至圆形，有半同心状凸起的棱，无翅，被缘毛。

【药效与应用】花、叶、根入药。根含皂苷、多糖等成分，对乙肝病毒体外具抑制作用。临床上用于治疗高脂血症，有一定的疗效，还可用于治疗子宫下垂、急慢性肝炎、病后体虚、腰膝酸痛、脾虚湿盛之水肿、带下、血虚血瘀之月经不调和跌打肿痛等。

82. 无患子科 Sapindaceae

龙眼（桂圆）

药材名：龙眼肉

Dimocarpus longgana Lour.

【分布】适宜生长于热带和亚热带气候地区，多栽培于丘陵地和园圃。主要产于我国福建、广西、广东和台湾等省区。

【特征】常绿乔木。幼枝被锈色柔毛。双数羽状复叶，互生；小叶2～5对，通常互生，革质，椭圆形至卵状披针形，�央短尖或钝，基部偏斜，全缘或波浪形，暗绿色，嫩时褐色，下面通常粉绿色。花两性，或单性花与两性花共存；为顶生或腋生的圆锥花序；花小，黄白色。核果球形，外皮黄褐色，粗糙，假种皮白色肉质，内有黑褐色种子1颗。花期3～4月，果期7～9月。

【药效与应用】龙眼肉含葡萄糖26.91%，含酒石酸、蔗糖和脂肪等，另有多种维生素。有抗衰老作用；水提液在试管内对奥杜盎氏小芽孢癣菌有抑制作用；水煎液对痢疾杆菌有抑制作用。临床用于滋补、内耳眩晕、消化系统疾病及冠心病等。假种皮入药。用于治疗心脾虚损之心悸、健忘、泄泻和水肿等；气血不足而致失眠、崩漏、经行眩晕；肺阴亏虚、肺失润降而致干咳、痰少黏白、声音嘶哑和口干咽燥等。

荔枝（丹荔）

药材名：荔枝核

Litchi chinensis Sonn.

【分布】在我国多有栽培，分布于我国福建、台湾、广东、海南、广西及云南东部。

【特征】常绿乔木，高达20 m。树皮灰绿色。偶数羽状复叶互生，2～5对；小叶革质，叶片长椭圆形至矩圆状披针形，先端渐尖，基部楔形，稍偏斜，全缘，上面绿色至深绿色，有光泽，下面淡绿色稍带白粉。圆锥花序顶生，花小，杂性。果实核果状，近球形或卵球形，果皮较薄，表面有瘤状突起，暗红色。种子矩圆形，棕红色或紫棕色，种子外被假种皮，白色，肉质多汁，味甜，与核易分离。花期2～3月，果期6～7月。

【药效与应用】荔枝核含脂肪酸、氨基酸、聚合花素类等成分，具有降血糖、抑制乙肝抗原等作用。种子入药。于夏季采摘成熟果实，除去果皮及肉，洗净后晒干。味甘、微苦，性温。具有行气散结、祛寒止痛的功效。用4.5～9 g煎服，用于治疗寒疝腹痛、睾丸肿痛。荔枝核1枚，煅存性，酒调服。治心痛及小肠气（《本草衍义》）。

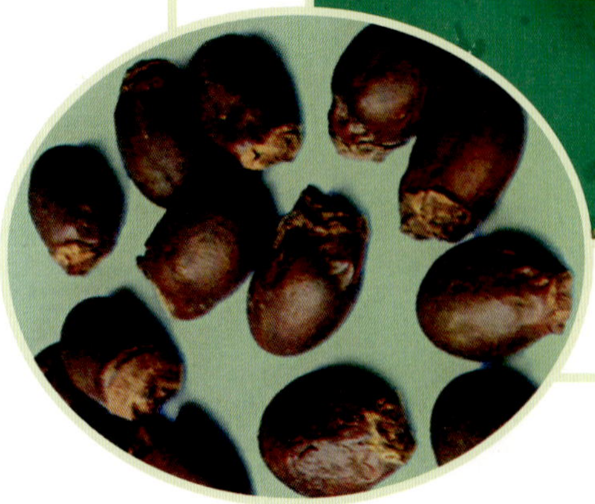

无患子（洗手果）

药材名：无患子

Sapindus mulorossi Gaertn.

【分布】分布于亚洲、美洲和大洋洲。中国主要在长江流域以南有分布。

【特征】落叶或常绿乔木，高达25m。枝开展，小枝无毛，密生多数皮孔；冬芽腋生，外有鳞片2对，稍有细毛，通常为双数羽状复叶，互生；无托叶，有柄；小叶8～12，广披针形或椭圆形，长6～15cm，宽2.5～5cm，先端长尖，全缘，基部阔楔形或斜圆形，左右不等，革质，无毛，或下面主脉上有微毛；小叶柄极短。圆锥花序，顶生及侧生；花杂性，小形，无柄，总轴及分枝均被淡黄褐色细毛；萼5片，外2片短，内3片较长，圆形或卵圆形；花冠淡绿色，5瓣，卵形至卵状披针形，有短爪；花盘杯状；雄花有8～10枚发达雄蕊，着生于花盘内侧，花丝有细毛，药背部着生。雌花，子房上位，通常仅1室发育；两性花雄蕊小，花丝有软毛。核果球形，直径15～20mm，熟时黄色或棕黄色。种子球形，黑色，直径12～15mm。花期6～7月，果期9～10月

【药效与应用】种子含油，组成脂肪及类脂的脂肪酸有：棕榈酸、硬脂酸、油酸、亚油酸、花生酸、二十碳烯酸、二十二碳烯酸等。非甘油酯部分的1-氰-2-羟甲基-1-丙烯-3-醇。有降压作用，同时有降低血胆固醇作用。种子入药。味苦、微辛，性凉，有小毒。具有清肺祛痰、利咽、行气、杀虫的功效。用于治疗咳喘、咯痰不爽；咽喉肿痛、白喉、乳蛾；气滞腹胀、疝气胀痛；小儿疳积及蛔虫病。此外，还可治疗牙龈肿痛、皮肤癣疮及滴虫性阴道炎。

坡柳（车桑子）

药材名：车桑子

Dodonaea viscosa (L.) Jacq.

【分布】生于荒坡、沙地和小树丛中。分布于我国云南、四川、广东、广西、福建、台湾等省区。

【特征】常绿灌木，高达3 m。树皮黄褐色或灰色，长条状剥落，有胶状物质。小枝有角棱。单叶互生，薄纸质，椭圆状披针形至狭披针形，或条状披针形，全缘，稍反卷，两面光滑无毛，主脉显著凸起，侧脉细密。花小，杂性，雌雄异株；顶生圆锥或总状花序，长不超过3 cm。蒴果近圆形，具3片膜质的翅。花期春季，果期冬季。

【药效与应用】叶、根入药。具有清热利湿、消肿解毒的功效。①鲜叶30～60 g，水煎调冬蜜服，治小便淋沥、癃闭；②鲜叶60～90 g配蝼蛄4～5个，酱豆豉30 g，冷饭适量，同捣烂外敷，治肩部漫肿；③叶研细末，调蜜或茶油涂抹伤处，治烫伤；④鲜根30～60 g，煎服，治牙痛。

栾树（黑叶树）

药材名：栾树

Koelreuteria paniculata Laxm.

【分布】生于山坡林中。产于我国华东各地，广布于东北、华北、华中、西南及青海、陕西、甘肃等地。

【特征】落叶乔木。树皮灰褐色。小枝被毛。一回或偶为二回奇数羽状复叶，互生，小叶11～18枚，卵形，有不规则钝齿，有时有缺刻或羽状深裂，下面脉腋具鬃毛。圆锥花序顶生，花淡黄色。蒴果膨胀，长卵形，具3棱，果瓣卵形，有网纹。种子近球形。花期6～8月，果期9～10月。

【药效与应用】花入药。有清肝明目的功效。用于治疗目赤肿痛、多泪等。

83. 七叶树科 Hippocastanaceae

七叶树（猴板栗）

药材名：娑罗子

Aesculus chinensis Bunge

【分布】分布于我国陕西、河南、江苏、四川、湖北等省。

【特征】落叶乔木，高达25 m。掌状复叶对生，小叶5～7片，长椭圆形或长圆状卵形，先端渐尖，基部楔形，边缘有细锯齿，有小叶柄；总叶柄长。圆锥花序大型；雄花与两性花同株。蒴果近球形，顶端扁平，棕黄色，有小突起，熟时3瓣裂。种子近球形，种脐淡白色，约占种子的1/2。花期5～7月，果期8～9月。

【药效与应用】种子含脂肪酸31.8%，其中主要成分为油酸及硬脂酸甘油酯，另含淀粉、纤维粗蛋白及七叶皂苷等。七叶皂苷具有减轻肿胀、抗炎作用。种子、叶入药。用水煎服，或煨后研末服。用于治疗胸腹胀闷或胃脘疼痛等。

84. 苦木科 Simaroubaceae

苦木（苦树）

药材名：苦木

Picrasma quassioidesd (D. Don) Benn.

【分布】生于山坡、山谷、沟边或岩石缝隙间。分布于我国黄河流域以南各地。

【特征】落叶灌木或小乔木，高可达10 m。叶、枝、树皮均极苦。小枝灰褐色，具黄色皮孔。奇数羽状复叶互生，长20～30 cm，小叶9～13枚；小叶片卵形至椭圆形，先端渐尖，基部楔形或稍圆，两侧不对称，边缘具不整齐锯齿，上面深绿色，下面绿白色；柄极短。花小，黄绿色，雌雄异株，聚花序常腋生。果实由1～5个小核果组成，肉质，初时绿色，后转红色，熟后蓝黑色。花期5～6月，果期9～10月。

【药效与应用】茎含苦木素A～E，苦木亚碱C～E，苦木碱A～G以及苦树素苷A、苦树素苷B等成分。药理实验结果表明，苦木碱E能增加胃和肠的血流量，苦树素苷B有抗肿瘤作用。木材（心材）入药。味苦、性寒，有清热、 湿、解毒功效。用于治疗风热感冒、咽喉肿痛、腹泻下痢疾、湿疹、疮疖和毒蛇咬伤等。

鸦胆子（老鸦胆）

药材名：鸦胆子

Brucea javanica (L.) Merr

【分布】生于气候温暖和土壤疏松的海滨地带以及沟边、林缘、灌木丛中。分布于我国福建、台湾、广东、海南、广西、云南等省区。

【特征】常绿灌木或小乔木。全株密被淡黄色柔毛，奇数羽状复叶，互生，小叶5～11片；叶片呈卵状披针形或长卵形，先端渐尖，基部两侧不对称，边缘有粗锯齿，两面均被短柔毛。花单性，异株或同株；圆锥聚伞花序，腋生。核果卵形或长卵形，黑色。花期3～8月，果期4～10月。

【药效与应用】果实于秋季成熟时采收，除去杂质晒干。鸦胆子的果含抗癌成分为苦木内酯，还含黄酮等成分。鸦胆子苦醇对黑色素瘤-L1210及黑色素瘤P388等瘤株具显著抑制效果。去油鸦胆子水浸液1：1 000及苦木苦味素具有很强的抗阿米巴作用，还具有抗疟作用及抗肠道寄生虫作用。果实入药。用于治疗痢疾、疟疾；外治疣、鸡眼。

臭椿

药材名：椿皮

Ailanthus altissima (Mill.) Swingle

【分布】野生或栽培于山坡、路旁、宅院和村边。分布于我国河北、湖北等省。

【特征】落叶乔木。树皮灰褐色。羽状复叶互生，小叶13～25片，卵状披针形，长7～12 cm，近基部有1～2对粗齿，齿尖背面有1腺体，揉碎有臭气。花小，绿白色，杂性，集成大型顶生圆锥花序。翅果扁平，长椭圆形。花期4～7月，果期8～9月。

【药效与应用】全年均可剥皮、晒干，或刮去粗皮晒干。树皮含苦味成分臭椿内酯、11-乙酰臭椿内酯，另含脂肪酸27%以上，以及植物甾醇、转化糖、蜡醇、鞣质。树皮、根皮、果实入药。味苦、涩，性寒。具有清热燥湿、收涩止带、止泻、止血的功效。用6～9 g水煎服，用于治疗赤白带下、湿热泻痢、久泻久痢、便血和崩漏等。

85. 漆树科 Anacardiaceae

黄连木（黄连）

药材名：黄连木

Pistacia chinensis Bunge

【分布】生于低山丘陵或平原旷地。产于我国山东、江苏、安徽、浙江、福建、江西等省，分布于长江以南、西南及河北、山西、陕西、甘肃等地。

【特征】落叶乔木，高达25 m。冬芽红色，有特殊气味。偶数羽状复叶，互生，小叶10～12枚，披针形或卵状披针形，长5～10 cm，基部不对称，斜楔形，全缘，侧脉两面均隆起。花单性，雌雄异株，先叶开放，花小，无瓣，雄花序密集成总状花序，雌花序为疏松的圆锥花序。核果倒卵圆形，红色均为空粒，不能成苗，绿色果实含成熟种子。花期4月，果期9～11月。

【药效与应用】叶、芽或根、根皮入药。有消暑、生津、解毒、利湿的功效。用于治疗暑热口渴、咽喉肿痛、口舌糜烂、吐泻、痢疾、淋证、无名肿毒、疮疹等。

杧果（天排木）

药材名：杧果

Mangifera indica L.

【分布】原产于亚洲热带地区，主要为人工栽培。分布于我国广东、海南、云南、广西、福建、台湾等省区。

【特征】常绿大乔木。树冠稠密。树皮厚，灰褐色，成鳞片状脱落。单叶互生，革质，有光泽，长椭圆状披针形，顶端短尾状，基部阔楔形，边全缘或呈波状，侧脉每边约15条；叶柄粗壮，长4～6 cm。春初开黄色或淡红色花；圆锥花序顶生，被柔毛；花小，杂性，芳香。核果椭圆形或肾形，微扁，夏季成熟时淡绿色或黄色，内果皮紧硬，并覆被粗纤维，内藏种子1粒。

【药效与应用】果实、果核、叶、树皮入药。叶、果核有行气、清热消滞、化痰的功效。果核可治疗小儿食滞、腹痛腹胀、食少泄泻、外感咳嗽、疝气痛等。叶可治疗食滞、消化不良、皮炎、湿疹及抗肿瘤等。

漆树（漆）

药材名：干漆

Toxicodendron verniciflnum (Stokes) F. A. Barkl.

【分布】分布于我国华东、华南等地。

【特征】落叶乔木。嫩枝和冬芽具棕黄色毛。单数羽状复叶，互生；小叶7～13片，卵形或卵状椭圆形，全缘，上面疏生柔毛或近光滑，下面有黄柔毛，侧脉18～25对显著；叶柄短，有毛。圆锥花序侧生；花细小，黄色；雌雄异株。核果偏斜而扁，宽大于高，淡棕黄色，光滑。花期5～6月，果熟期9～10月。

【药效与应用】漆树的树脂加工后干燥。鉴别方法有：①取本品一小块，置瓷蒸发皿中，点燃即燃烧，产生黑烟并发出强烈漆臭；②取本品粉末1 g，加乙醇10 mL，置热水浴中加热5 min，放冷，过滤，取滤液1 mL，加三氯化铁试液1～2滴，显墨绿色。用于妇女闭经、破瘀血、消积和杀虫等。

南酸枣

药材名：广枣

Choerospondias axillaris (Roxb.) Burtt et Hill

【分布】常生于山谷疏林中或林边。分布于我国华中、华南及海南等地。

【特征】落叶乔木。树皮灰褐色，呈片状剥落。枝紫黑色，有红褐色皮孔。叶互生，为奇数羽状复叶，长20～30 cm。核果椭圆形或近卵形，成熟时黄色，核坚硬，骨质，近顶端有5孔。

【药效与应用】根、叶、树皮和果具有行气活血、养心安神、消食、解毒、醒酒、杀虫的功效。可治疗气滞血瘀、心跳气短、食滞腹痛和酒醉。内服煎汤10～25 g。外用适量，捣敷，治疗牛皮癣、烫伤和外伤出血。①果核25 g煎服，治呕吐；②根皮或树皮适量，煅炭存性，研细末调香油涂敷患处，治水火烫伤、疮疡溃烂；③根和叶20 g煎服，治消化不良。

盐霜柏（咸酸木）

药材名：盐肤木、五倍子

Melaphis chinensis (Bell.) Baker

【分布】生于山地阳坡疏林及灌丛中，也有人工栽培。除青海和新疆外，分布几遍全国。

【特征】灌木或小乔木，高5～10 m。小枝、叶柄及花序均密生褐色柔毛。单数羽状复叶互生，叶轴及叶柄常有翅；小叶7～13片，纸质，长5～12 cm，宽2～5 cm，边有粗锯齿，下面密生灰褐色柔毛。圆锥花序顶生；花小，杂性，黄白色。核果近扁圆形，直径约5 mm，红色，有灰白色短柔毛。

【药效与应用】五倍子主含五倍子鞣质，另含没食子酸、纤维素、木质素、淀粉、脂肪、树脂、蜡质、叶绿素等。药理实验表明，有效成分鞣质能使皮肤、黏膜和溃疡组织蛋白质凝固。对金黄色葡萄球菌、痢疾杆菌、伤寒杆菌、炭疽杆菌、绿脓杆菌有明显抗菌作用。对甲型和亚洲甲型流感病毒有抑制作用。对羊毛样小孢子菌等有较强的抑制作用。根、叶、盐肤木叶的寄生虫入药。秋季采摘，置沸水中略煮或蒸至表面呈灰色，杀死蚜虫，取出，干燥。按外形不同，分为“肚倍”和“角倍”。可治疗肺虚久咳、肺热咳嗽、久泻久痢、盗汗、消渴、便血痔血。也可治疗外伤出血、痈肿疮毒和皮肤湿烂等。

野漆树

药材名：野漆树

Rhus succedanea L.

【分布】生于山坡、沟边灌木丛中。分布于我国华南、西南等地。

【特征】落叶乔木。嫩枝和冬芽具棕黄色毛。单数羽状复叶，互生；小叶7～13片，卵形或卵状椭圆形，全缘，上面疏生柔毛或近光滑，下面有黄柔毛，侧脉18～25对显著；叶柄短，有毛。圆锥花序侧生；花细小，花紫红色；雌雄异株，或单性花与两性花共存。核果偏斜而扁，宽大于高，淡棕黄色，光滑。花期5～6月，果期9～10月。本植物易使人过敏，在野外应避免直接接触。

【药效与应用】叶、根入药。根具有疏肝解郁、化瘀止血的功效，可治疗胁肋作痛、脘腹胀闷、瘀血疼痛、跌打损伤、咯血、吐血、便血等。煎服9～15 g，外用适量，研末撒或捣敷。①叶煎服，可治蛔虫；②根煎服，可治气郁呼吸不舒。

人面子（人面果）

药材名：人面果

Draecontomelon duperreanum Pierre

【分布】产于亚洲东南部。在我国广东和广西有分布，广州、南宁等地多人工栽植。

【特征】常绿乔木，高达25 m。具板根。羽状复叶互生，小叶11～17片，常互生，长椭圆形，长6～12 cm，全缘，基部歪斜，网脉明显，无毛或仅背面脉腋有簇毛。花小，两性；圆锥花序。核果扁球形，直径约2 cm，熟时黄色，有大小不等5孔，状如人面，故名人面子；8月果熟。

【药效与应用】人面果含黄酮、酚类化合物、氨基酸等成分。有效成分总黄酮有抗缺氧和对急性心肌缺血有保护作用，且在多种动物模型上均有显著抗心率失常、抗血小板凝集和增加免疫等作用。果实、根皮入药。用量1.5～2.5 g煎服，用于治疗气滞血瘀、胸痹作痛、心悸气短和心神不安。

黄栌（白来木、红瑞山茱萸）

药材名：黄栌

Cotinus coggygria Scop.

【分布】原产于我国西南、华北和浙江等地。在南欧及叙利亚、伊朗、巴基斯坦和印度北部也有，多生于海拔150～500m之向阳山林中。

【特征】落叶灌木或小乔木。树冠圆形；树皮暗灰褐色。小枝紫褐色，被蜡粉。单叶互生，通常倒卵形，长3～8cm，先端圆或微凹，全缘，无毛或仅背面脉上有短柔毛，侧脉顶端常2叉状；叶柄细长，花小，杂性，黄绿色；成顶生圆锥花絮。果序长5～20cm，有多数不育花的紫绿色羽毛状细长花梗宿存；核果肾形。花期4～5月，果期6～7月。

【药效与应用】叶片中含有挥发油，其主要成分为香叶烯、α-蒎烯、莰烯、芳樟醇及萜品醇等。枝叶可入药，味苦，性寒，无毒。有清热解毒，除烦热的功效，用于治疗黄疸和酒精中毒。入秋霜叶红艳，初夏淡紫色羽毛状伸长花梗如烟雾缭绕枝间。宜植作风景林，或植于山坡、土丘、草坪。园林绿化。木材可提黄色染料，可作家具及雕刻。树皮可提栲胶。枝叶水煎服，可消炎、清热。

86. 木犀科 Oleaceae

桂花（丹桂、金桂）

药材名：桂花

Osmanthus fragrans Lour.

【分布】我国大部分地区都有人工栽培。

【特征】常绿灌木或小乔木，高1.5～8 m。树皮灰白色。叶对生，革质，椭圆形至椭圆状披针形。花簇生于叶腋，雌雄异株；花梗纤细；花冠白色，极芳香。果熟时蓝黑色。花期秋季。

【药效与应用】含芳香成分有数百种之多。干花和鲜花的成分有所不同，如干花中含二氢β-紫罗兰醇、4-酮基-β-紫罗兰酮等挥发性成分。其中α-松油醇有较强的平喘作用，本品中香茅醇在体外对金黄色葡萄球菌和伤寒杆菌有抑制作用。花入药。秋季采花，鲜用或制成加工品。味辛，性温。可散寒止痛、消瘀和化痰。用于治疗脘腹冷痛、痛经、肠风血痢、痰饮咳喘和牙痛口臭。

女贞（白蜡树）

药材名：女贞子

Ligustrum lucidum Ait.

【分布】生于温暖的地区或山坡向阳处。主要产于我国浙江、江苏、福建等省。

【特征】常绿大灌木或小乔木。树皮灰色，枝条光滑，具皮孔。叶对生，叶柄上面有槽；叶片革质，卵形至卵状披针形，先端渐尖至锐尖，基部阔楔形，全缘，上面深绿色，有光泽，下面淡绿色，密布幼小的透明腺点，主脉明显。圆锥花序枯生。浆果核果，长椭圆形，幼时绿色，熟时蓝黑色。种子1～2枚，长椭圆形。花期6～7月，果期8～12月。

【药效与应用】女贞的种子主要活性成分为三萜类化合物，主要有齐墩果酸、乙酰齐墩果酸等。本品有升高外周白细胞、增强网状内皮系统吞噬能力、增强细胞免疫和体液免疫的作用，对化疗或放疗所致的白细胞减少有升高作用；有强心、利尿及保肝作用；并有止咳、缓泻、抗菌和抗癌等作用。果实入药。冬季果实成熟时采收，稍蒸或置沸水中略烫后，干燥。生用或酒制用。用于治疗肝肾阴虚而致耳鸣、耳聋、头晕、腰膝酸软和须发早白等。

连翘（黄花杆）

药材名：连翘

Forsythia suspensa (Thunb.) Vahl

【分布】生于我国河北、山西、陕西等省区。

【特征】落叶灌木，高2～3 m。枝条细长开展或下垂，小枝浅棕色，稍4棱，节间中空无髓。单叶对生，具柄；叶片完整或3全裂，卵形至长圆卵形。先叶开花，花冠金黄色。蒴果木质，有明显皮孔，卵圆形，顶端尖，长约2 cm，成熟2裂。种子多数，有翅。花期3～5月，果期7～8月。

【药效与应用】秋季果实成熟尚带绿色时采收，除去杂质，蒸熟，晒干，习称“青翘”。果实熟透时采收，晒干除去杂质，习称“老翘”。果含木脂素类、黄酮类、挥发性成分、苯乙烷类、乙基环己醇类、三萜及香豆素类等化合物。其中桦木酸、连翘苷、罗汉松脂苷、松佛素、连翘醇苷C、连翘醇苷D等具有重要的抗菌和抗病毒作用。主要功能有：抑菌、抗病毒、抗炎、解热、保肝、强心利尿、止呕、降压和维生素P样作用。果实入药。用量6～15 g，水煎服。用于治疗痈疽、瘰疬、乳痈、丹毒、风热感冒、温病初起、温热入营、高热烦渴、神昏发斑、热淋尿闭。

清香藤（香藤）

药材名：清香藤

Jasminum lanceolarium Roxb.

【分布】生于山谷林中或灌丛。产于我国浙江、安徽、江西、福建等地，广布于华中、华南及西南各地。

【特征】常绿攀缘灌木，长达15 m。幼枝被毛。三出复叶对生或近对生，革质，椭圆形或披针形，长4～16 cm，幼叶被毛，全缘。聚伞花序常呈圆锥状，花密集，花萼筒状，近平截，萼齿不明显，花冠白色，花冠筒细长，高脚碟状，裂片披针形。浆果近球形，长0.6～1.8 cm，成熟时黑色。花期4～10月，果期6月至翌年3月。

【药效与应用】根及茎叶入药。有祛风除湿、凉血解毒的功效。用于治疗风湿痹痛、跌打损伤、头痛、外伤出血、无名毒疮、蛇咬伤。

尖叶白蜡树

药材名：秦皮

Fraxinus szaboana Lingelsh.

【分布】生于山坡路边或林中。分布于我国陕西、甘肃、湖北、四川等省。

【特征】落叶乔木，高10～12 m。树皮灰褐色，较平滑，老时浅裂。奇数羽状复叶，对生；叶轴具柔毛及腺毛，后渐脱落；小叶3～5片，卵形或长卵形，先端长渐尖，边缘有锐锯齿，上面光滑，下面沿主脉及侧脉被柔毛；花与叶同时或稍后开放，雄性与两性异株。圆锥花序生于嫩枝顶端及叶腋。翅果长倒卵形或倒针形。花期8～9月。

【药效与应用】枝皮或干皮含七叶树苷、秦皮苷、七叶树内酯等成分，并分离得微量成分N-苯基-2-苯胺，该成分首次从木樨中得到。树皮入药。春秋季剥取枝皮或干皮，晒干。味苦、涩，性寒。具有清热燥湿、收涩、明目的功效。用量6～12 g，水煎服。外用适量，煎洗患处用于治疗热痢、泄泻、赤白带下、目赤肿痛和目生翳膜等。

山指甲

药材名：山指甲

Ligustrum sinense Lour.

【分布】生于溪边和山坡灌木丛中。分布于我国广东、广西、福建等省区。

【特征】灌木，高1～2 m。小枝带紫红色，略有星状毛。叶片倒卵形，顶端急尖，基部楔形，边缘上半部疏生锯齿。果实球形，紫色。

【药效与应用】树皮、根、叶、花入药。全株具有凉血解毒、清热利湿的功效，治疗急性结膜炎、肺结核咯血、指间流脓、湿热腹痛、肝胆郁火、目赤胀痛、无名肿毒、疮疡疖肿。煎服6～9 g。外用适量，捣敷。

茉莉花

药材名：茉莉花

Jasminum sambac (L.) Ait.

【分布】原产于印度。我国各省区均有栽培。

【特征】常绿直立或攀缘灌木。小枝疏被柔毛。单叶对生，宽卵形或卵状椭圆形，长4～12 cm，全缘，下面脉腋常具簇毛，叶柄被毛，有关节。聚伞花序顶生，常3朵花，花萼裂片8～9片，线形，花白色，芳香，直径约2.5 cm，花冠筒长0.7～1.5 cm，裂片圆形，约与花冠筒等长(有时为重瓣花)。浆果近球形，成熟时紫黑色。花期5～9月，果期7～9月。

【药效与应用】花、根和叶入药。花有理气止痛和辟秽开郁的功效，用于治疗湿浊中阻、胸膈不舒、泻痢腹痛、头晕头痛、目赤、疮毒。根有麻醉和止痛的功效，用于治疗跌打损伤、龋齿疼痛、头痛、失眠。叶有疏风解毒和消肿止痛的功效，用于治疗外感发热、泻痢腹胀、脚气肿痛、毒虫蜇伤。

紫丁香（丁香）

药材名：紫丁香

Syringa oblata Lindl.

【分布】生于山坡林下或溪边灌丛。我国华东地区有栽培，广布于我国东北、华北、西北及西藏等地。

我国东部地区栽培的尚有白丁香(*S. oblata* var. *alba* Rehd.)区别在于花白色，叶较小，下面有微毛。

【特征】落叶灌木或小乔木，高达4 m。枝粗壮，无毛。单叶对生，卵圆形或宽卵形，宽大于长，宽5～10 cm，基部心形，两面无毛，全缘，叶柄长1～3cm。圆锥花序着生于新枝顶端，长6～12cm，花萼钟状，4齿裂，花冠紫色，高脚碟状，花冠筒长约1.2cm，先端裂片圆钝，直角开展。蒴果卵圆形，扁压，光滑，长约1.5cm。花期4～5月，果期6～10月。

【药效与应用】树皮和叶入药。有清热、解毒、利湿、退黄的功效。用于治疗急性泻痢、黄疸型肝炎、火眼、疮疡等。

迎春花（金腰带）

药材名：迎春花

Jasminum nudiflorum Lindl.

【分布】生于海拔800～2 000 m的山坡灌丛中。分布于我国山东、河南、山西、陕西、甘肃、四川、贵州和云南等省。

【特征】落叶灌木。小枝四棱形。叶对生，三出复叶，小枝基部常具单叶；叶轴具狭翼。花先叶开放；花单生于去年生小枝的叶腋；苞片小叶状；花冠黄色；花萼裂片叶状，绿色，裂片5～6枚。花期6月。

【药效与应用】花和叶入药。花：味苦、微辛，性平。有清热解毒、活血消肿的功效，主要治疗发热头痛、咽喉肿痛、小便热痛、肿毒、跌打损伤等。叶：味苦、涩，性平。有活血散毒、消肿止痛的功效，主要治疗肿毒、跌打损伤、创伤出血等。

87. 槭树科 Aceraceae

鸡爪槭（槭树）

药材名：鸡爪槭

Acer palmatum Thunb.

【分布】生于山坡林缘，现庭院多有栽培。产于我国华东各地，华中、西南有分布。

【特征】落叶小乔木，高达10 m。树皮深灰色。小枝紫色或灰紫色。单叶对生，掌状（5）7（9）深裂，裂片长卵形或披针形，边缘有锐锯齿，下面脉腋有白色簇生毛。花杂性，或雄花与两性花同株，先花后叶，花紫色。翅果幼时紫红色，两翅呈钝角，果核球形，脉纹明显。花期5月，果期9月。

【药效与应用】枝、叶入药。有行气止痛、解毒消肿的功效，用于腹痛、痈疖肿痛、关节痛肿、发背等。

罗浮槭（红蝴蝶）

药材名：蝴蝶果

Acer fabri Hance

【分布】生于海拔500～1 800 m的疏林中。分布于我国广东、广西和江西等省区。

【特征】常绿乔木。叶革质，披针形；侧脉4～5对，小叶脉不显著。花杂性，雄花与两性花同株，长成紫色伞房花序；萼片5片，紫色，长圆形，微被短柔毛；花瓣5片，白色，倒卵形；雄蕊8枚。翅果嫩时紫色，成熟时黄褐色或淡褐色；小坚果近于球形，张开呈钝角。花期3～4月，果期9月。

【药效与应用】果实入药。味甘、微苦，性凉。有清热解毒的功效，主要治疗声音嘶哑、咽喉炎、扁桃体炎等。

88. 忍冬科　Caprifoliaceae

金银忍冬（金银木）

药材名：忍冬

Lonicera maackii (Rupr.) Maxim.

【分布】分布于我国东北、华北、西北等地。朝鲜、俄罗斯远东地区也有。

【特征】落叶灌木，高达5～6 m。树皮灰褐色；小枝叉开，有短柔毛；冬芽小，卵形，褐色。叶卵状椭圆形至卵状披针形，长5～8 cm，宽2.5～4 cm，先端长渐尖，基部阔楔形，稀圆形，全缘，上面暗绿色，下面色淡，两面脉上有短柔毛；叶柄长3～5mm，有腺毛。花总梗较叶柄短，有短腺毛；苞片线形，初白色，后变黄色，芳香，外面上部无毛，花筒基部不膨大，有柔毛，约为瓣片的1/3长；雄蕊、花柱较花冠短。浆果红色，球形，直径5～6 mm。花期5～6月，果期9月。

【药效与应用】含绿原酸、异绿原酸。枝、叶、果、根、树皮入药。味辛、甘，性凉。具有解表散热的功效，用于治疗风热外感。

绣球荚蒾（木绣球）

药材名：绣球荚蒾

Viburnum macrocephalum Fort.

【分布】园艺种植，我国南北各地均有栽培。

【特征】落叶或半常绿灌木，高约5 m。芽、幼枝、叶柄及花序均密被灰白色星状毛，冬芽无鳞片。单叶对生，卵形或卵状长圆形，长5～10 cm，边缘有细齿，上面脉上被毛，下面密被星状毛，侧脉在近叶缘网结。聚伞花序顶生，长8～15 cm，全部由大型不孕花组成，花冠白色，1.5～4 cm，裂片倒卵状圆形。花期4～5月。

【药效与应用】茎枝入药。有燥湿止痒的功效，用于治疗风湿疥癣、湿烂痒痛。

接骨木（接骨树）

药材名：接骨木

Sambucus williamsii Hance

【分布】生于山坡、山谷路边和宅旁。产于我国华东各地，广布于全国各省区。

【特征】落叶灌木或小乔木，高达10 m。小枝黄褐色，皮孔密而显著，茎髓发达，黄褐色。奇数一回羽状复叶对生，小叶5～7枚，椭圆形或长圆状披针形，长5～11 cm，边缘有锯齿，叶揉搓后有气味。圆锥状聚伞花序顶生，花小而密，花蕾时带粉红色，开放后白色。浆果状核果卵圆形，成熟时红色，分核2～3个。花期4～5月，果期9～10月。

【药效与应用】全株入药。有接骨续筋、活血止痛、祛风利湿的功效，用于治疗骨折肿痛、跌打损伤、风湿性关节炎、痛风、急慢性肾炎和外伤出血。

南方荚蒾（满山红）

药材名：南方荚蒾

Viburnum fordiae Hance

【**分布**】分布于我国华南地区。

【**特征**】灌木，高3 m。幼枝密生星状毛。叶卵形至矩圆状卵形，顶端尖至渐尖，边缘有锯齿至浅齿，稀齿不显，上面无毛至具叉毛，下面的毛较密，近基部两侧少数腺体；侧脉5～7对，伸达齿端；叶柄密生星状毛。复伞形花序，密生星状毛；萼筒与5萼齿均生星状毛；花冠白色，疏生星状毛，辐状，裂片长于花冠筒；雄蕊5枚，近等长或稍长于花冠。核果红色，近圆球形；核扁，具不规则的浅槽。

【**药效与应用**】根、茎、叶入药。味甘、淡、微涩，性平。具有舒筋活络、敛疮生肌的功效，治疗跌打后期筋脉挛急、刀伤。外用适量，捣敷。

蝴蝶戏珠花（蝴蝶戏珠）

药材名：蝴蝶戏珠花

Viburnum plicatum Thunb. var. *tomentosum* (Thunb.) Miq.

【分布】 生于山坡、山谷林下或灌丛中，各地常有栽培。产于我国华东各地，广布于华中、华南及西南。

【特征】 落叶灌木，高约5 m。小枝4棱，密被星状毛。单叶对生，宽卵形或长圆状卵形，长5～10 cm，边缘具不整齐三角状锯齿，两面均被毛，下面较密，侧脉10～17对，直伸达齿端，上面凹下，下面显著凸起，小脉横列，平行。复伞形花序顶生，边缘有4～6朵花，大型不孕花，白色，花冠直径约4 cm，不整齐4～5裂。浆果状核果宽卵圆形，先红后变黑。花期4～5月，果期8～9月。

【药效与应用】 茎和根入药。有清热解毒、健脾消积、祛风止痛的功效，用于治疗淋巴结炎、小儿疳积、风热感冒和风湿痹痛等。

珊瑚树（雷片木）

药材名：早禾树

Viburnum odoratissimum Ker-Gawl.

【分布】生于海拔200～1 300 m的山谷密林中、溪旁阴处或疏林中。分布于我国福建、广东和广西等省区。

【特征】常绿灌木或小乔木。叶革质，椭圆形至矩圆形，或矩圆状倒卵形至倒卵形。圆锥花序，顶生，宽尖塔形，分枝2～3级；花芳香，花冠白色，后变黄白色，有时微红，辐状，花药黄色。果实先红色后变黑。花期4～5月，果熟期7～9月。

【药效与应用】叶、树皮、根入药。味辛，性温。有祛风除湿、通经活络的功效，主要治疗感冒、风湿痹痛、跌打肿痛、骨折等。

89. 金丝桃科 Hypericaceae

黄牛木（黄芽木）

药材名：黄牛木

Cratoxylum cochinchinense (Lour.) Bl

【分布】生于山坡、旷野灌木丛中。分布于我国广东、广西和云南等省区。

【特征】灌木或小乔木，高2～10 m。树皮淡黄色，光滑；幼枝略扁，淡红色。叶对生，纸质；叶片椭圆形至长椭圆形，先端急尖，基部楔形，两面无毛，下面有黑色细小的腺点；具短柄。聚伞花序腋生或腋外生，有花2～3朵，花粉红色。蒴果椭圆形，具宿萼。

【药效与应用】嫩叶、根、树皮入药，具有清热解暑、化湿消滞、止血、消肿、解毒的功效，可治疗肚痛腹泻、黄疸、感冒发热、肠炎腹泻、咳嗽声嘶等。煎服9～15 g。

金丝桃（过路黄）

药材名：金丝桃

Hypericum monogymum L.

【分布】产于我国山东、江苏、安徽、浙江、江西、福建及台湾，黄河流域以南各省多有分布或栽培。

【特征】半常绿小灌木，高约1 m。茎红褐色，圆柱形，分枝多，小枝常对生，无毛。单叶对生，长椭圆形或长圆形，长3～8cm，基部稍包茎，全缘，下面粉红色，网脉明显，具透明油点。花序近伞房状，具一至多朵花，花径3～6.5 cm，花瓣金黄色或橙黄色，雄蕊多数，基部合生成5束金黄色丝状。蒴果卵圆形，室间开裂。花期6～7月，果期8～9月。

【药效与应用】全株及果实入药。有清热解毒、祛风除湿、散瘀止痛的功效，用于治疗肝炎、肝脾肿大、急性咽喉炎、结膜炎、疮疖肿毒、蛇咬伤及蜂螫伤、跌打损伤、虚热咳嗽、百日咳等。

90. 荨麻科 Urticaceae

苎麻（青麻）

药材名：苎麻根

Boehmeria nivea (L.) Gaud.

【分布】生于山坡、山沟、路旁等处。分布于我国山东、河南、陕西以南的各省区。

【特征】多年生半灌木。茎多分枝，青褐色，密生粗长毛。叶互生，托叶2片，分离，早落；叶片宽卵形或卵形，先端渐尖或近尾状，基部宽楔形或截形，边缘密生齿牙，上面绿色，粗糙，并散在疏毛，下面密生交织的白色柔毛；基三出脉。花单性，雌雄通常同株。花期9月，果期10月。

【药效与应用】苎麻的根：有清热解毒、止血、散瘀的功效，用于治疗热病大渴、血淋、吐血、赤白带下、痈肿、跌打损伤、蛇虫咬伤等。叶：凉血、止血、散瘀，用于治疗咯血、吐血、血淋、尿血、跌打瘀血、创伤出血、毒蛇咬伤等。①根单味煎服，可治肠风、血热崩漏、哮喘；②根配莲子、山药，可治习惯性流产；③叶配苏叶，可治诸伤瘀血不散。

91. 马钱科 Loganiaceae

马钱（马前子）

药材名：马钱子

Strychnos nux-vomica L.

【分布】生于山地林中或人工栽培。分布于我国福建、台湾、广东和广西等省区。

【特征】乔木。树干直立，粗壮。叶对生，叶片革质，椭圆形、卵形至广卵形，先端急尖，基部圆形至广楔形，全缘，上面深绿色，下面色较淡，主脉5，在下面隆起。聚伞花序顶生，被柔毛；花较小，灰白色；花萼5裂，裂片卵圆形，密被短柔毛；花冠筒状，先端5裂，花冠筒内侧近基部被长柔毛；雄蕊5枚，着生于花冠筒喉部，几无花丝；子房上位。浆果球形。种子2～5粒，圆盘形，表面灰黄色，密被银色绒毛。

【药效与应用】主要含毒性生物碱，如士的宁、马钱子碱、番木鳖次碱、伪士的宁、伪马钱子碱等。果实成熟时摘取果实，取出种子，洗净附着的果肉，晒干，即为生马钱子。砂烫至鼓起并显棕褐色或深绿色，即为制马钱子。用量0.3～0.6 g，炮制后入丸散。用于治疗风热郁肺咽痛、咳嗽、音哑；外用治疗鼻衄、创伤出血。

密蒙花（蒙花、饭花）

药材名：密蒙花

Buddleia officinalis Maxim.

【分布】生于石灰岩坡地、河边灌木丛中。在印度尼西亚和我国的西北及西南等地均见。

【特征】灌木，高约3 m，最高可达6 m。小枝稍披散，微具四棱，枝及叶柄、叶背、花序等均被白色星状毛及绒毛，叶对生，具柄；叶片宽披针形，长5～12 cm，宽1～4.5 cm，大圆锥花序由聚伞花序组成。蒴果基部具宿存花萼和花冠。种子细小。花期初夏。

【药效与应用】花蕾、花序入药。具有清肝明目、退翳的功效，可治疗目赤肿痛、多泪和目翳。

断肠草（大茶药）

药材名：钩吻

Gelsemium elegans (Gardn. et Champ.) Benth.

【分布】生于向阳的山坡、路边的草丛或灌丛中。分布于我国华南大部分地区。

【特征】常绿木质藤本。枝光滑。叶对生，卵形至卵状披针形，长7～12cm，宽2～6cm，顶端渐尖，基部渐狭或近圆形，全缘。聚伞花序顶生或腋生；花小，淡黄色；苞片小而狭；萼片5片，分离；花冠漏斗状，内面有淡红色斑点，裂片5片；雄蕊5枚，子房2室，有胚珠多颗。蒴果卵形，种子有膜质的翅。

【药效与应用】全株入药。味苦、辛，性温，有大毒，三片叶即可毒死一成年人。具有攻毒拔毒、散瘀止痛、杀虫止痒的功效。外用治疗皮肤湿疹、体癣、脚癣、跌打损伤、骨折、痔疮、疔疮和麻风等。禁止内服。

醉鱼草（闹鱼花、公鸡尾）

药材名：醉鱼草

Buddleja lindleyana Fort.

【分布】广布于我国长江以南大部分地区。

【特征】落叶灌木，高1～3 m。树皮茶褐色。小枝具四棱而略带翼状，幼时密被黄色星状毛及鳞片。叶对生，椭圆形或卵状披针形，长3～10 cm，宽1.5～3cm，纸质，先端尖，基部楔形或钝圆，全缘或有疏锯齿，幼时背面被黄绿色星状毛及鳞片。花序穗状，直立，长7～20cm；花萼、花冠4裂，均有鳞片；花冠紫色，稍弯曲，冠筒内面白紫色，具细柔毛。蒴果矩圆形，被鳞片。种子无翅。花期4～8月，果期10～11月。

【药效与应用】全年可采全株或叶，晒干。含醉鱼草黄酮苷、醉鱼草糖苷及多种黄酮类成分。茎、叶入药。味苦、辛，性温，有小毒。具有止咳定喘、活血祛瘀、驱虫等功效。本种花叶有毒，如服用过量会引起头晕、呕吐、呼吸困难、四肢麻木和震颤。临床上可用于治疗感冒、咳嗽、哮喘以及跌打损伤、外伤出血等，还可治疗钩虫病。

芫花（闹鱼花、泡米花）

药材名：芫花

Daphne genkwa Sieb. et Zucc.

【分布】生于山坡路边或疏林中。分布于我国长江流域以南各省区。

【特征】落叶灌木。幼枝密被淡黄色绢状毛。叶常对生，纸质，幼叶下面密被淡黄色绢状毛。花先叶开放，淡紫色或淡紫红色，3～6朵成簇腋生；花被筒状，外被绢状毛，裂片4片，卵形，顶端圆形；雄蕊8枚，2轮；花盘环状；子房卵状．密被淡黄色柔毛。核果白色。花期3～5月，果期6～7月。

【药效与应用】花、根皮入药。花：味苦、辛，性寒，有毒。有泻水逐饮、解毒杀虫的功效，主要治疗水肿胀满、胸腹积水、痰饮积聚、气逆喘咳、二便不利。外用治疗疥癣秃疮、冻疮。根皮：味辛、苦，性平，有毒。有消肿解毒、活血止痛的功效，主要治疗急性乳腺炎、痈疖肿毒、淋巴结结核、腹水、风湿痛、牙痛和跌打损伤等。

92. 肉豆蔻科 Myristicaceae

肉豆蔻（豆蔻）

药材名：肉豆蔻

Myristica fragrans Houtt.

【分布】热带地区广为栽培。分布于马来西亚、印度尼西亚、巴西等国家。在我国云南、海南、广东均有栽培。

【特征】常绿乔木。单叶互生，革质；叶片椭圆状披针形或长圆状披针形，先端渐尖，基部急尖，全缘，上面暗绿色，下面色较淡，并有红棕色的叶脉。总状花序腋生，花单生，异株。果实梨形或近圆球形，淡黄色或橙红色，肉质，露出红色肉质的假种皮，内含种子1粒，种皮红褐色，木质坚硬。

【药效与应用】每年4～6月及11～12月各采收1次。成熟果实剖开果皮，剥下假种皮，击破壳状种皮。直接烘干，或将种仁放入石灰乳中浸1天，然后低温烘干。成熟种仁主要含挥发油，主要活性成分为肉豆蔻醚、黄樟醚。另含脂肪油、淀粉、没食子油酸等其他成分。主要有止泻、中枢镇静、抗炎、抗血小板凝聚、抗癌、抗菌等作用。种仁入药。有小毒，不宜用生品。煎服。用于治疗脾胃虚寒、久泻不止、脘腹胀痛和食少呕吐。

93. 金粟兰科 Chloranthaceae

金粟兰（鸡爪兰）

药材名：珠兰

Chloranthus spicatus (Thunb.) Mak.

【分布】生于山区丛林中，庭园、花圃有栽培。在我国长江以南各地均有。

【特征】亚灌木。高可达1 m，直立或稍平卧。茎圆柱状，无毛，分枝。叶对生，革质，卵形或倒卵状椭圆形，长4～10.5cm，宽1.5～5.5cm，先端尖或钝，基部楔形，边缘具圆齿状齿，齿尖有腺点，叶柄短，长约1 cm。穗状花序纤弱，长1～3cm，排成圆锥花序状；花小，黄色，芳香，无柄，无花被；苞片极小，为正三角形。核果卵状球形。花期5～6月，果期8～9月。

【药效与应用】全株入药。可治疗痈疖疮癣、风湿疼痛、癫痫、跌打损伤、刀伤出血。外用捣敷或研末撒敷，治疗风湿疼痛、跌打损伤。根有毒，只能外用。

草珊瑚（九节茶）

药材名：草珊瑚

Sarcandra glabra (Thunb.) Nakai

【分布】广布于我国安徽、浙江、江西、福建、台湾、广东、广西、湖南、四川、贵州、云南等省区。

【特征】常绿灌木，高70～100 cm。茎节膨大，节间有纵行的脊沟。叶对生，革质，边缘有粗锯齿。花黄绿色。果熟红色。花期6月，果8～9月。

【药效与应用】叶含香豆酮、内酯、黄酮苷、氰苷、挥发油及鞣酸；果实含蹄纹天竺葵素3－鼠李糖基葡萄糖苷。枝叶。味辛，性平。有抗菌消炎、清热解毒、祛风除湿、活血止痛的功效，用于治疗肺炎、急性阑尾炎、急性胃肠炎、菌痢、风湿痛、跌打损伤、骨折等症。近年来试用于治疗恶性肿瘤，有缓解、缩小肿块，改善自觉症状等作用而无副作用。全株入药。①本品煎剂在试管内对金黄色葡萄球菌、痢疾杆菌、伤寒杆菌、甲型副伤寒杆菌、大肠杆菌及绿脓杆菌都有较强的抑菌作用；②海南草珊瑚，又名九节风（云南）*Sarcandra ainanensis.* (Pei) Swamy et Bailey，产于广东、广西和云南。全株入药，有消肿止痛、通利节关的功效。

94. 蓝果树科（珙桐科） Nyssaceae

喜树（水桐树）

药材名：喜树果

Camptotheca acuminata Decne.

【分布】在我国西南、中南及江苏、浙江等地均有栽培。

【特征】落叶大乔木。树皮灰色，枝条有黄乳色皮孔。叶互生，卵状长方形或卵状椭圆形，长7～28cm，宽5～12cm，先端渐尖，叶柄红色，有疏毛。花单性同株，呈球形头状花序。果序球状，直径约5 cm；瘦果线形或披针形，长约2.5 cm，有翅，亮褐色。花期8月。

【药效与应用】喜树果含喜树碱、羟基喜树碱、去氧喜树碱、喜树次碱，尚含桦皮酸及喜果苷。从喜树果中还分离得11-羟基喜树碱、10-甲氧基喜树碱、脱落酸、丁香脂素和β-谷甾醇，其中11-羟基喜树碱、10-甲氧基喜树碱是新生物碱。目前多用喜树果的提取物制成酒浸膏注射液及水煎膏片剂使用，其疗效与喜树碱纯品相似，而副作用明显低于喜树碱纯品。喜树的根、茎干、皮、叶和果实一样均含喜树碱，均有抗癌作用。过去是从根中提取喜树碱，近年来发现果实疗效最佳，毒性小，喜树碱和羟基喜树碱含量最高，采集方便，故目前商品多收购果实，作为提取分离喜树碱和羟基喜树碱的原料。果实、根入药。秋季待果实成熟后采收，晒干。用量3～9 g，水煎服。用于治疗原发性肝癌，对胃癌、头颈部腺源性皮癌、白血病、膀胱等恶性肿瘤等，也用于治疗血吸虫病引起的肝脾肿大。

95. 番荔枝科　Annonaceae

假鹰爪（鸡爪风）

药材名：酒饼叶、假鹰爪根

Desmos chinensis Lour.

【分布】生于丘陵及海滨的疏林中或灌木间。分布于我国广东、广西、海南等省区。

【特征】常绿藤状灌木。枝粗糙，有灰白色、凸起的皮孔。叶互生；叶片薄革质，矩圆形或矩圆状椭圆形，秃净，全缘，上面光亮，下面粉绿色。花黄白色，与叶对生或近对生；萼片3，卵圆形，外被小柔毛；花瓣6片，2列，外轮大于内轮，矩圆形或矩圆状披针形，外被小柔毛；雄蕊多数，楔形，药室线形，外向，花丝粗大，肉质。果实串珠状。种子圆球形。花期6月。

【药效与应用】叶、根入药。叶：味辛、苦，性温。具有通络止痛、杀虫疗癣的功效。可治疗风湿骨痛、疟疾、水肿、跌打损伤、风疹、疥癣和烂脚、胃肠胀气、消化不良、肾炎水肿和支气管炎。煎服15～30 g；或浸酒服。外用适量，煎洗或捣敷。根：味辛，性平。可治疗风湿性关节炎、肠胃寒痛。煎服15～30 g；或浸酒服。

鹰爪花（香花）

药材名：鹰爪花

Artabotrys macrophylla (Linn. f.) Bhandari

【分布】人工栽培，产于我国浙江、台湾、福建、广西、江西、广东和云南等省区。

【特征】常绿攀缘灌木。叶纸质。花较大，1～2朵，淡绿色或淡黄色，芳香；萼片绿色，卵形；花瓣长圆形状披针形，外面基部密被柔毛；雄蕊长圆形，药隔三角形；心皮长圆形，柱头线状长椭圆形。果卵圆形。花期5～8月，果期5～12月。

【药效与应用】根、果实入药。根味苦，性寒。有截疟的功效。果实味辛、微苦，性微寒。有清热解毒、散结的功效。主要治疗瘰疬等。

紫玉盘（酒饼木）

药材名：大酒饼

Uvaria macrophylla R.Br.

【分布】生于低海拔的灌丛中或丘陵山地疏林中。分布于我国广西、广东和台湾等省区。

【特征】常绿直立灌木。叶革质，叶两面或叶背及叶柄均明显地被星状毛，侧脉在叶面凹陷。花1～2朵，与叶对生，暗紫红色或淡红褐色；萼片阔卵形；花瓣内外轮相似，卵圆形；雄蕊线形，药隔卵圆形；心皮长圆形或线形，柱头马蹄形，顶端2裂而内卷。果暗紫褐色。花期3～8月，果期7月至翌年3月。

【药效与应用】根、叶入药。味辛，性温。有健胃行气、祛风止痛的功效，主要治疗风湿痹痛、腰腿痛、痧症、发热身痛、跌打损伤等。

96. 清风藤科 Sabiaceae

清风藤（风藤）

药材名：清风藤

Sabia japonica Maxim.

【分布】生于山坡路边灌丛中。产于我国江苏、安徽、江西、福建等省，分布于广东、广西、四川、陕西、河南等省区。

【特征】落叶缠绕藤本。幼枝绿色，有细毛，老枝具宿存木质化单刺状或双刺状叶柄基部。叶卵状椭圆形或卵形，下面灰绿色，叶柄长2～3 mm，在秋季不与叶同时脱落而成短刺。花单生叶腋，淡黄绿色，先叶开放。核果碧蓝色，扁倒卵形，基部偏斜，具皱纹。花期3～4月，果期5～7月。

【药效与应用】茎叶或根入药。味苦、辛， 性平。有祛风利湿、活血解毒的功效， 用于治疗风湿痹痛、水肿、脚气、跌打肿痛、骨折、深部脓肿、骨髓炎、化脓性关节炎、脊柱炎、疮疡肿毒和皮肤瘙痒等。

97. 酢浆草科 Oxalidaceae

阳桃（五敛子）

药材名：杨桃

Averrhoa carambola L.

【分布】多栽培于园林或村旁。分布于我国广东、广西、海南、福建等省区。

【特征】灌木或小乔木，高8 m。羽状复叶，小叶卵形至椭圆形，先端渐尖，基部偏斜，下面近无毛或薄被柔毛。总状花序小，腋生；花长5～6 mm，近钟形；萼红紫色，长约为花瓣的1/2；花瓣白色至淡紫色；雄蕊10枚，其中5枚较短的无药；花柱5个。浆果卵状或椭圆状，3～5棱，绿色或绿黄色。花期春末至秋。

【药效与应用】果实、根、叶入药。味酸、甘，性寒。有清热，生津，解毒，利水功效。①果鲜食，治风热咳嗽；②果调蜜煎服，通石淋；③果捣汁服，治疟母痞块；④鲜叶煎服，治热渴、小便短涩；⑤叶煎洗，治顽癣疥疮；⑥叶捣汁搽，治蜘蛛毒、蛇咬伤；⑦根配豆腐炖服，治慢性头风；⑧根浸酒服，治关节痛；⑨根煎服，治心痛。

98. 鼠刺科 Escalloniaceae

长圆叶鼠刺（鼠刺）

药材名：鼠刺

Itea chinensis Hook. et Arn.

【分布】生于林下或灌木丛中。分布于我国安徽南部至四川以南、广东、广西等地。

【特征】常绿灌木或小乔木。幼枝有时有微柔毛。叶互生，薄革质，矩圆形，长7～13 cm，宽3～6 cm，边缘密生小锯齿，两面无毛，侧脉5对；叶柄长1～2 cm。总状花序腋生，长7～11 cm，花序轴和花梗通常有微柔毛；花两性，白色；花萼5裂，裂片狭披针状，长约1 mm；花瓣5片，长约2.5 mm；雄蕊5枚，长于花瓣；子房上位，有白色短柔毛，2室。蒴果狭针形，长7～9 mm，顶端有喙，2瓣裂。花、果期8～10月。

【药效与应用】根、叶入药。味苦、涩，性寒。有散瘀活血、祛风止痛的功效，可治疗跌打损伤、咽喉肿痛等。煎服15～20 g。①民间用根治跌打、骨折等；②花煎汁，冲黄酒，加砂糖调服，治虚性咳嗽和喉干。

99. 桑寄生科 Loranthaceae

毛叶桑寄生（寄生茶）

药材名：桑寄生

Loranthus yadoriki Sibe.

【分布】常寄生于桑、樟、女贞、榲树、沙梨等树上。分布于我国华南、华中、西南、西北和华东的大部分地区。

【特征】常绿小灌木。小枝和叶下面密被红棕色星状短柔毛。单叶互生或近对生，革质，叶片椭圆形或卵形，先端钝圆，基部圆形或阔楔形，全缘。花两性，1～3朵，形成腋生的聚伞花序，总花梗长，被红褐色星状毛；花萼近球形，外被红褐色的星状毛；花管狭管状，顶端4裂，裂片紫红色，花冠裂片向外反折，外被红褐色星状毛；雄蕊4枚。浆果椭圆形，有小疣状突起。花期8～10月，果期9～10月。

【药效与应用】全株入药。味苦、甘，性平。具有补肝肾、强筋骨、祛风湿、通经络、益血安胎的功效。可治疗腰膝酸痛、筋骨萎弱、偏枯、脚气、风寒湿痹、胎漏血崩、产后乳汁不下等。内服煎汤15～30 g；或入散剂、浸酒或捣汁服。①鲜品捣汁1杯，服之，治疗膈气；②干茎2份、叶1份，加水浸煮2次，合并2次煎液过滤，浓缩成50%煎剂供口服，治疗精神分裂症。

100. 牛栓藤科 Connaraceae

红叶楸（牛栓藤）

药材名：牛栓藤

Rourea microphyllum (Hook. et Arn.)Planch.

【分布】生于山坡干燥地方或灌木丛中，攀缘树上。广布于我国广东、福建、台湾等地。

【特征】多分枝藤本，无毛。羽状复叶，小叶通常11～17片，稀有5～9片，近革质，卵状长圆形，长1.5～4 cm，宽8～15 mm，基部阔楔形，常偏斜，先端渐尖钝，两面均无毛，上面光泽，下面粉绿色；小叶柄长约1 mm；嫩叶常呈红色。总状花序腋生，花序柄及花序均纤弱；花芳香，萼片5片，圆形，花瓣5片，白色；雄蕊10枚，心皮5，分离，常仅1个发育。种子1粒，有假种皮。花期8～9月，果期10月。

【药效与应用】根、叶入药。味苦、涩，性微温。具有止血止痛、活血通经、收敛、埋口生肌的功效，可治疗风湿性关节痛、跌打刀伤、月经不调、闭经等。煎服10～15 g；外用适量，煎洗或捣敷。①根单味煎服，治疗风湿骨痛；②鲜叶捣敷，治疗跌打肿痛。

101. 芍药科　Paeoniaceae

牡丹（牡丹花）

药材名：牡丹皮

Paeonia suffruticosa Andr.

【分布】原产于我国陕西省，现全国广泛栽培。

【特征】落叶灌木，高达2 m。分枝多而粗短。叶为二回三出复叶，互生，顶生小叶宽卵形，长7～8 cm，3裂至中部，裂片不裂或2～3浅裂，两面无毛，下面常具白粉，侧生小叶斜卵形，不裂或2～4浅裂。花单生于枝顶，直径10～20cm，萼片5片，绿色，花瓣5枚，或重瓣，白色、紫红色或黄色，花瓣倒卵形，顶端常2浅裂，雄蕊多数，花盘革质，杯状，紫红色。蓇葖果长圆形，密生黄褐色硬毛。花期4～5月，果期8～9月。

【药效与应用】根皮、花入药。有清热、凉血、消瘀的功效，用于治疗温热病、热入血分、吐血、便血、衄血、阑尾炎初起、血滞经闭、感冒热风、跌打损伤等。

102. 虎耳草科 Saxifragaceae

常山

药材名：常山根

Dichroa febrifuga Lour.

【分布】产于我国四川、贵州、云南和西藏等省区。四川省有人工栽培。

【特征】落叶灌木。主根圆柱形，常弯曲。茎有明显的节。叶对生；叶片椭圆形、阔披针形或长圆倒卵形。圆锥聚伞花序房状，着生于枝顶或上部的叶腋，花淡蓝色。浆果圆形，蓝色，有宿存萼和花柱。花期6～7月，果期8～9月。

【药效与应用】根含常山碱甲、常山碱乙和常山碱丙、常山次碱、喹唑酮、常山素A、常山素B和伞形花内酯等，常山碱丙能降血压。根入药。煎服，用于治疗疟疾。

刺梨

药材名：刺梨

Ribes burejense Fr. Schmidt

【分布】生于我国东北、河北、山西、陕西等省区，北京的百花山、东灵山山区均有。

【特征】落叶灌木。叶较小，掌状3～5深裂，边缘有圆钝齿，两面有疏短柔毛，叶柄长1～3.5 cm，疏生短柔毛和长腺毛。花两性，花单生或2朵，叶腋生，蔷薇色，较大；有短花梗，疏生腺毛；萼管钟状，裂片5片，花瓣5片，雄蕊5枚，花柱端2裂，子房有刺毛。浆果直径1～1.5 cm，有长刺。花期5～6月，果期7～8月。果绿色或带红色。

【药效与应用】刺梨含有丰富的维生素B和维生素C，每百克鲜果含维生素C 2 000 mg，因此被称之为“维C之王”。刺梨含有16种氨基酸，有消食化积功效，能明显阻断人体内的一些致癌物质和亚硝酸乙基的合成。可生食或制作果汁、果酱或饮料等。

绣球（八仙花）

药材名：绣球花、粉团花

Hydrangea macrophylla (Thunb.) Seringe

【分布】产于我国福建、江西等省，分布于华中、华南及西南等地，现黄河以南各地均有栽培。

【特征】落叶灌木，高1～2 m。小枝光滑而粗壮，灰白色。单叶对生，倒卵形或宽卵形，长7～15 cm，具粗齿，两面无毛或下面脉腋有簇生毛。伞房状聚伞花序近球形，直径8～20cm，花密集，不育花多数，萼片4片，卵形或宽卵形，白色或淡蓝色。蒴果卵圆形，约1/2以上凸出于萼筒之上，顶端孔裂，花柱宿存。花期6～8月，果期10～11月。

【药效与应用】根、叶和花入药。有清热、截疟、解毒、杀虫的功效，用于治疗疟疾、惊悸、烦躁、阴囊湿疹和疥癞等。

103. 仙人掌科 Cactaceae

霸王花（量天尺花）

药材名：霸王花

Hylocereus undatus (Haw.) Britt. et Rose

【分布】常栽于村边或逸生于疏林的树上和较干燥的岩石断墙上。原产于南美洲墨西哥至巴西一带。现我国广东、海南、广西等地有栽培。

【特征】多年生攀缘植物。有气根。茎深绿色，肉质，粗壮，常收缩成节，具扁平的阔棱3条，棱边缘波状，较老时呈硬角质。叶退化，茎上只留下叶腋形成的小窝孔，孔内有褐色小刺1～3枚。花单生，花萼管状，带绿色，有时淡紫色；花瓣宽阔，多数，外面的黄绿色，向外反曲，内面的白色，直立；雄蕊多数，白色；子房有顶端急尖的鳞片数枚，柱头裂片乳白色。浆果长圆形，红色，肉质，具卵状而顶端急尖的鳞片，成熟时近平滑，果肉白色，可食。夏秋季采收。摘取花朵后趁新鲜从花柄向上顺切成2瓣，每瓣再纵切成不分离的3～4瓣，晒干或蒸后晒干。

【药效与应用】果、花入药。含氨基酸、微量元素等成分。味甘，性凉。有清热痰、除积热的功效。用量9～15 g，煎服；外用时鲜茎去刺捣敷。用于治疗肺热或肺燥、虚劳咳嗽、痰火瘰疬。

仙人掌（观音掌）

药材名：仙人掌

Opuntia dilleuii Haw.

【分布】分布于我国云南、四川、贵州、广东、广西、福建等省区。

【特征】灌木，高1～3 m。茎下部稍木质，近圆柱形，上部肉质，扁平，绿色，具节；每节卵形至矩圆形。散生多数瘤体，每一小瘤体上密生黄褐色卷曲的柔毛，扦有利刺。叶肉质细小，披针形，紫红色，基部绿色，生于每个小瘤体的刺束之下，早落。花黄色，单生或数朵退生于扁化茎顶部边缘；雄蕊多数；雌蕊1枚，柱头6裂。浆果卵圆形，紫红色，被细硬毛。种子多数。

【药效与应用】全株入药。清热解毒。可治疗心胃气病、痞块、痢疾、痔血、咳嗽、喉痛、肺痈、乳痈、疔疮、烫伤和蛇伤。茎汁忌入目，虚寒者忌用，并忌铁器。①根50～100 g，配猪肚炖服，治久患胃痛；②鲜果25～50 g，煎服，补脾健胃；③本品50 g，和牛肉炒吃，治胃痛；④鲜品50～100 g，煎服，治急性菌痢；⑤本品100 g，捣烂取汁，冲白糖开水服，治心悸失眠。

104. 萝藦科 Asclepiadaceae

球兰（厚叶藤）

药材名：球兰

Hoya carnosa (L.) R. Brown

【分布】 生于平原或山地，附生于树上或石上。分布于我国云南、广西和广东等省区。

【特征】 常绿攀缘灌木。叶对生，肉质，卵圆形至卵圆状长圆形，顶端钝，稀短尖，侧脉不明显。聚伞花序伞形状，腋生；花白色，花冠辐状，花冠筒短；副花冠星状，外角急尖，中脊隆起，边缘反折而成1孔隙，内角急尖，直立。蓇葖果线形，光滑。花期4～6月，果期7～8月。

【药效与应用】 味苦，性寒，有小毒。有清热化痰、解毒消肿、通经下乳的功效，用于治疗感冒发热、肺炎、肺热咳嗽、痈肿、瘰疬、关节肿痛、产妇乳汁少、乳络不通、小便不利等。

钉头果（球唐棉、气球花）

药材名：钉头果

Gomphocarpus physocarpus E. Mey.

【分布】人工栽培，产于我国华北、华南及云南等地。

【特征】灌木。具乳汁。茎具微毛。叶线形，叶缘反卷，侧脉不明显。聚伞花序生于枝的顶端叶腋间，着花多朵；花萼裂片披针形，外面被微毛，内面有腺体；花蕾圆球状，花冠宽卵圆形或宽椭圆形，反折，被绒毛；副花冠红色兜状。蓇葖果肿胀，卵圆状。花期夏季，果期秋季。

【药效与应用】地上部分入药。味甘，性平。有健脾和胃、益脾的功效，用于治疗小儿呕吐、泄泻、不思纳食、肺痨咳嗽等。

105. 防己科 Menispermaceae

木防己（银锁匙）

药材名：木防己、小青藤

Cocculus orbiculatus (L.) Candolle

【分布】生于山坡、灌丛、林缘、路边或疏林中。分布于我国河北、辽宁、陕西、广东和广西等省区。

【特征】常绿木质藤本。叶柄被白色绒毛或柔毛，掌状三出脉中侧生的一对通常不达叶片中部即分枝消失。聚伞花序，萼片6片，花瓣基部两侧边缘内折，心皮6个。核果近球形，红色至紫红色。花期5～8月，果期8～10月。

【药效与应用】根、茎、花入药。根：味苦、辛，性寒。有祛风除湿、通经活络的功效，用于治疗风湿痹痛、跌打损伤、疮疡肿毒。茎：味苦，性平。有祛风除湿、利水消肿功效，用于治疗风湿痹痛、跌打损伤等。花有解毒化痰的作用，用于治疗慢性骨髓炎。

106. 莲叶桐科 Hernandiaceae

红花青藤（三姐妹藤、毛青藤）

药材名：三叶青藤

Illigera rhodantha Hance

【分布】生于海拔100～2 100 m的山谷密林或疏林灌丛中。分布于我国广西、广东和云南等省区。

【特征】常绿木质藤本。茎具沟棱。指状复叶互生，小叶3片；叶柄密被金黄褐色绒毛。聚伞花序组成圆锥花序，腋生，密被金黄褐色绒毛；萼片紫红色，花瓣与花萼同形，玫瑰红色；雄蕊5枚；附属物花瓣状，膜质；子房下部，花盘上腺体5枚。果具4翅。花期6～11月，果期12月至翌年5月。

【药效与应用】全株入药。味甘、辛，性温。有祛风止痛、散瘀消肿的功效，用于治疗风湿性关节疼痛、跌打肿痛、蛇虫咬伤、小儿麻痹后遗症等。

107. 水东哥科 Saurauiaceae

水东哥

药材名：水枇杷、水东哥

Saurauia tristyla Candolle

【分布】生于丘陵、低山山谷或山坡林中。分布于我国广西、云南和贵州等省区。

【特征】常绿灌木或小乔木。小枝爪甲状鳞片较多。叶背不被绒毛，叶腹面至少中脉上有偃伏刺毛。花序生于当年与隔年叶腋，聚伞式，有花1～3朵，花粉红色或白色；萼片阔卵形或椭圆形，花瓣卵形，顶部反卷；雄蕊25～34枚，子房无毛，花柱3～4枚，稀5枚，中部以下合生。果球形，白色、绿色或淡黄色。花果期3～12月。

【药效与应用】根入药。味微苦，性凉。有清热解毒、止咳、止痛的功效。用于治疗风热咳嗽、风火牙痛等。

108. 千屈菜科　Lythraceae

虾子花（虾仔花）

药材名：虾子花

Woodfordia fruticosa (L.) Kurz.

【分布】 常生于山坡路旁。分布于我国广东、广西及云南等省区。

【特征】 灌木。有长而披散的分枝。叶对生，近草质，披针形或卵状披针形，下面被灰白包短柔毛。萼筒花瓶状，鲜红色；花瓣淡黄色，通常不长于萼齿；雄蕊12枚，生于萼管下部，明显伸出；子房上位，2室，花柱比雄蕊稍长。蒴果膜质，线状长椭圆形，开裂成2果瓣。种子小，卵状或圆锥形。花期春季，果期夏季。

【药效与应用】 根、花、叶入药。根和花：味微甘、涩，性凉。有活血止血、舒筋活络的功效，用于治疗痛经、闭经、血崩、鼻衄、咳血、肠风下血、痢疾、风湿痹痛、腰肌劳损、跌打损伤等。叶明目消翳，治疗角膜云翳。

紫薇（小叶紫薇）

药材名：紫薇

Lagerstroemia indica L.

【分布】 生于向阳山坡路边灌丛，现各地多有人工栽培。产于我国江苏、山东、安徽、浙江、江西、福建等省，广布于华中、华南、西南及华北的南部。

【特征】 落叶灌木或小乔木，高达8m。树皮平滑，灰褐色。枝干常多扭曲，小枝具4棱，略呈翅状。单叶互生或近对生，椭圆形、宽长圆形或倒卵形，长3～7cm，宽2.5～4cm，两面无毛或下面沿中脉被柔毛。花冠淡红色、紫红色或白色，常组成顶生的圆锥花序。蒴果椭圆状球形，成熟时紫黑色，室背开裂。种子有翅。花期6～9月，果期9～12月。

【药效与应用】 根和花入药。根有清热利湿、活血止血、止痛的功效，用于治疗痢疾、水肿、火烫伤、湿疹、痈肿疮毒、跌打损伤、血崩、偏头痛、牙痛、痛经、产后腹痛等。花有清热解毒、凉血止血的功效，用于治疗疮疖痈疽、小儿胎毒、疥癣、血崩、带下、肺痨咯血和小儿惊风等。

散沫花（指甲花）

药材名：散沫花

L. inermis L.

【分布】原产于热带美洲。分布于我国南部，广东、广西、福建、台湾等省区常有人工栽植。

【特征】灌木，高3～6 m。茎圆柱形，分枝甚密，幼枝近四棱形，无毛。叶对生，椭圆形或椭圆状长圆形，稀倒卵形，长2～4.5 cm，宽10～15 mm，先端急尖，基部楔形，纸质；叶柄短；托叶小，早落。圆锥花序顶生，长7～15cm或更长；花极香，绿色或玫瑰色，直径8～10 mm；萼长2～2.5 mm，4深裂；花瓣4，阔卵形，长3～5 mm。基部心形，具短爪；雄蕊通常8枚，伸出，花药长圆形至近圆形；花柱略长于雄蕊，柱头钻状。蒴果球形，直径5～7 mm；种子多数。花期5～6月。散沫花的适应性较强，适生范围较广。

【药效与应用】鲜花含精油，其主要化学组成为：2-已烯醛(E)(1.00%)，3-已烯醇(E)(5.12%)，2-已烯醇(3.22%)，芳樟醇(25.43%)，α-松油醇(3.31%)，香叶醇(2.69%)，十五烷(1.16%)，二氢猕猴桃(醇酸)内酯(4.14%)，橙花叔醇(1.07%)。叶子、根部、树皮中均含有散沫花酮；茎含D-甘露糖醇(0.70%)；果皮含散沫花酮(0.25%)；种子除含有脂肪油外，也含散沫花酮(0.013%)。在古代，阿拉伯人用散沫花的树皮治疗黄疸病和精神病；中东、亚洲某些地区把散沫花用作配制地方药物的组分。把散沫花叶子捣碎外敷对治疗手脚甲沟炎有奇特的止痛、消肿、化脓的功效；叶子研磨成粉配制的软膏有消炎、收敛作用，可治创伤和多种皮肤病。由于散沫花酮的结构与维生素K相似，故有止血作用。种子提取物对大脑有缓慢的兴奋作用，可用于治疗记忆力差或全身精神功能不足。花极香，供庭园观赏外，其叶可作红色染料，花精油和浸膏用于化妆品上。

109. 露兜树科　Pandanceae

露兜树（假菠萝）

药材名：露兜簕

Pandanus tectorius Sol.

【分布】生于海边沙地。分布于我国福建、台湾、广东和广西等省区。

【特征】常绿灌木或小乔木。常左右扭曲。叶簇生于枝顶，条形，叶缘和背面中脉均有粗壮的锐刺。雄花序由若干穗状花序组成，佛焰苞长披针形，雄花芳香，雄蕊10余枚；雌花序头状，佛焰苞乳白色，边缘具细锯齿。聚花果头状。花果期1～5月。

【药效与应用】叶芽、根、核果入药。叶芽：味甜，性寒。有清热解毒、凉血的功效，用于治疗麻疹、发斑、丹毒和暑热症。根：味甘，性凉。有发汗解表、清热利湿、行气止痛的功效，用于治疗感冒、温热、肝炎、肾炎、跌打损伤。核果：味辛，性凉。有补脾益血、行气止痛、化痰利湿、明目的功效，用于治疗感冒发烧、淋浊、痢疾、胃痛、咳嗽和目生翳障等。

110. 木麻黄科 Casuarinaceae

木麻黄（驳骨树）

药材名：木麻黄

Casuarina equisetifolia Forst.

【分布】栽培。产于广西、广东、福建等地。

【特征】常绿乔木，高达30 m。树干通直。枝红褐色，有密集的节。鳞片状叶每轮通常7枚，淡绿色，近透明，紧贴。花雌雄同株或异株，雄花序穗状，常生于小枝顶端；雌花序通常顶生于近枝顶的侧生短枝上。球果状果序椭圆形。花期4～5月，果期7～10月。

【药效与应用】幼嫩枝叶或树皮、种子入药。幼嫩枝叶或树皮：味微苦、辛，性温。有宣肺止咳、行气止痛、温中止泻、利湿的功效，用于治疗感冒发热、咳嗽、小便不利、脚气肿毒等。种子：味微涩，性温。有涩肠止泻的功效，用于治疗慢性腹泻。

111. 山龙眼科 Proteaceae

银桦（凤尾七）

药材名：艾松胶

Grevillea robusta A. Cunn. ex R. Brown

【分布】在我国西南部和南部均有人工栽培。

【特征】常绿乔木。树皮暗灰色或暗褐色，具浅纵皱。叶上无毛，下面被褐色绒毛和银灰色绢状毛，边缘背卷。花序总状腋生或顶生；花序梗被绒毛，无花瓣；萼片4片，花瓣状，橙黄色，未开放时为弯曲管状，开放后向外卷；雄蕊4枚，花药卵球形。果卵状椭圆形，稍偏斜；果皮革质，黑色。种子长盘状，边缘具窄薄翅。花期3~5月，果期6~8月。

【药效与应用】树脂、叶入药。树脂（艾松胶）：味甘、微苦，性凉。有止痛生肌的功效，用于治疗胃痛、疮溃久不收口等。叶：有清热利气、活血止痛的功效，用于治疗跌打损伤。

112. 胡颓子科 Elaeagnceae

沙枣（七里香、桂香柳）

药材名：沙枣

Elaeagnus. angustifolia Linn.

【分布】生于海拔1 500m以下山地、平原、沙滩、荒漠、半荒漠地带。喜光，根系浅。具根瘤菌。较耐盐碱。产于我国辽宁、内蒙古、河北、山西、河南、陕西、甘肃、宁夏、新疆、青海等省区。常见人工栽培。前苏联、中东和近东地区及欧洲也有分布。

【特征】落叶乔木，高达15 m。胸径1 m，常呈小乔木或灌木状，树干多弯曲，具枝刺。幼枝密被银白色鳞片。叶长圆状披针形或条状披针形，长3～7 cm，宽1～1.3 cm，先端钝尖或钝，基部楔形，上面幼时具银白色鳞片，后部分脱落，下面密被白色鳞片，侧脉不甚明显；叶柄长0.5～1cm。花银白色，直立，单生或2～3朵簇生；萼筒钟状，长4～5 mm，裂片长3～4 mm；雄蕊几无花丝，花药长2.2 mm；花柱无毛，上部甚弯曲；花盘明显，顶端无毛。果椭圆形，长0.9～1.2 cm，黄色或粉红色，密被银色鳞片；果肉粉质；果梗长6 mm。花期5～6月，果期9～10月。

【药效与应用】树皮有清热凉血功效；花能止咳平喘；果可止泻镇静；枣仁有镇静安神功效。叶、树皮、花、果均可入药，可治烧伤、白带、慢性支气管炎、闭合性骨折、消化不良、神经衰弱等症。树干可割采沙枣胶，能代阿拉伯胶及黄芪胶。耐修剪，可作绿篱。

113. 百合科 Liliaceae

龙血树（海南龙血树）

药材名：血竭

Dracaena cambodiana pierre ex Gagnep

【分布】分布于我国海南省。

【特征】常绿乔木。茎不分枝或分枝，树皮带灰褐色，幼枝有密环状叶痕。叶聚生于茎、枝顶端，几乎互相套叠，剑形，薄革质，向基部略变窄而后扩大，抱茎，无柄。圆锥花序3～7朵簇生，绿白色或淡黄色，花被片下部合生呈短筒，花丝扁平，无红棕色疣点；花柱稍短于子房。浆果。

【药效与应用】药材血竭含红色树脂90%以上，为血竭树脂鞣醇与苯甲酸及苯甲酰乙酸乙酯的化合物。成分经初步分析，与进口血竭相似，即含有血竭红素、血竭素、去甲基血竭红素、去甲基血竭素、松脂酸、异松脂酸、松香酸等。树脂入药。采取龙血树木质部含紫红色树脂部分，粉碎后分别用乙醇和乙醚进行提取，浓缩后取得。用量1～2 g，研末内服或入丸剂，临床用于治疗妇女月经过多、痛经、咳血和便血。外用研末撒或入膏药用，用于治疗跌打损伤、内伤瘀痛和外伤出血不止。

菝葜（圆叶菝葜）

药材名：菝葜

Smilax china L.

【分布】生于海拔2 100 m以下山地林下。产于我国华东、中南和西南等地，山东烟台昆仑山较多见。此草茎蔓强坚短小，故名“菝瓜”。后来写成“菝葜”。

【特征】常绿攀缘灌木。有粗厚根状茎，茎、枝全有疏刺。叶薄革质，干后呈红褐色；圆形或宽卵形，下面淡绿色，有时有粉霜，叶柄短，两侧有卷须（托叶变态）。花单性，雌雄异株；伞形花序有多花，绿黄色，生于幼嫩的小枝上，有总花梗。浆果圆球形，熟时红色，直径达1.5 cm。

【药效与应用】根入药。味甘，性温，无毒。其根状茎多淀粉，有祛风利湿、解毒消肿的功效，可治疗风湿关节痛、跌打损伤、胃肠炎等。

土茯苓（光叶菝葜）

药材名：土茯苓

Smilax glabra Roxb.

【分布】生于山坡林缘、灌丛中。产于我国江苏、安徽、江西、浙江、福建等省，分布于华中、华南及西南各省区。

【特征】常绿攀缘灌木。根状茎块状，茎长近4 m，光滑，无刺。单叶互生，革质，窄椭圆状披针形，长6～15 cm，全缘，掌状三出脉，下面有时带苍白色，叶柄长5～15 mm，脱落点位于近顶端，占全长的1/4～1/2，具窄鞘。伞形花序腋生，花序梗短于叶柄，花序托膨大，呈莲座状，花被片6片，绿白色。浆果近球形，直径7～10 mm，成熟时紫黑色，具粉霜。花期7～11月，果期9～11月。

【药效与应用】根茎入药。味甘、淡，性平。有清热除湿、泄浊解毒、通利关节的功效，用于治疗梅毒、淋浊、筋骨挛痛、脚气、疔疮、痈肿和瘰疬等。

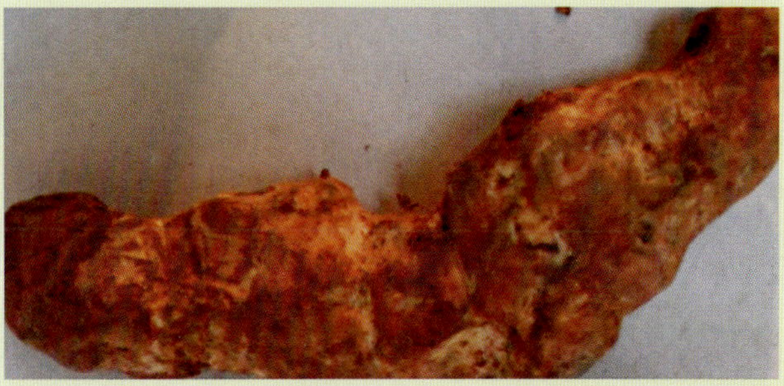

114. 棕榈科 Arecaceae（Palmae）

棕榈（山棕）

药材名：棕毛

Trachyarpus fortunei (Hook. f.) H. Wendl.

【分布】主要产于我国华东、华南、西南各地。

【特征】常绿乔木。干圆柱形，不分枝。叶簇生于干顶；叶片圆扇形，开展时掌状，深裂至叶片的中部以上，叶柄质坚硬，两侧边缘具刺，柄基部有抱茎的叶鞘，分裂为棕褐色纤维状毛（即棕衣）。肉穗状花序，自叶丛中抽出，下部有多数大形鞘状苞；花小，多数，淡黄色，单性，雌雄异株。核果球形或近肾形，具短柄，常有宿存的花被片；种子1粒。花期4～5月，果期11～12月。

【药效与应用】采收时割取叶鞘，除去纤维状棕毛，晒干。叶鞘入药。味苦、涩，性平。具有收敛止血、止痢止带的功效，用于治疗各种出血症，尤其用于治疗崩漏。

槟榔

药材名：焦槟榔、槟榔大肚皮

Areca catechu L.

【分布】生于热带地区。在我国海南和台湾地区均有分布。

【特征】常绿乔木。茎干直立，不分枝。叶丛生于茎顶端；羽状复叶，叶轴三菱形，具长叶鞘。花单性同株，肉穗花序生于最下部叶的叶鞘束下，多分枝，呈圆锥状，苞片大，佛焰苞状，雄花小而多，无柄，生于分枝的上部。坚果。

【药效与应用】果实入药。味苦、辛，性温。有驱虫、消积、下气、行水、截疟的功效，用于治疗绦虫、蛔虫和姜片虫病，可治疗虫痛、积滞泻痢、里急后重、水肿、脚气和疟疾等；也可用于治疗食滞气阻所致的脘腹饱胀、大便不爽，水湿内停所致的水肿腹胀、小便不利和脚气浮肿等。

棕竹（竹叶棕）

药材名：棕竹

Rhapis excelsa (Thunb.) Henry ex Rehd.

【分布】生于疏林中，亦有人工栽培。分布于我国南部至西南部等省区。

【特征】丛生灌木。叶鞘具淡黑色马尾状粗糙而硬的网状纤维。叶掌状深裂成4～10片，裂片宽线形或线状椭圆形，不均等，先端截状，具多对稍深裂的小裂片，边缘及肋脉上具稍锐利的锯齿。总花序梗及分枝花序基部各具1枚佛焰苞，雄花花萼杯状，深3裂，裂片半卵形；花冠3裂，裂片三角形；雌花短而粗。果实球状倒卵形。花果期6～7月。

【药效与应用】叶、根入药。叶：味甘、涩，性平。有收敛止血的功效，用于治疗吐血、产后出血过多等。根：味甘、涩，性平。有祛风除湿、收敛止血的功效，用于治疗风湿痹痛、咯血等。

115. 禾本科 Poaceae(Gramineae)

竹（粉丹竹）

药材名：竹茹

Bambusa tuldoides Munro

【分布】为常见栽培竹类。分布于我国广东、广西等地。

【特征】常绿乔木状。秆丛生，顶端稍下弯，幼时被白粉。秆环、箨环均被毡毛，秆箨长，短于节间，脱落性，箨鞘背面无毛。箨耳显著。箨叶呈狭三角形。枝簇生，主枝较粗长。小枝具叶3～4片，叶片狭披针形，上面无毛，下面密生短柔毛。花枝每节有单生或簇生的假小穗，近圆柱形而微压扁，先端尖，淡绿色，小穗有小花5～8朵。

【药效与应用】茎秆的间层含多糖、氨基酸、酚性物质、树脂类及黄酮类成分。具有抗菌作用。用竹茹水煎服，可治疗肺热咳嗽、咳黄痰及胃热呕吐等，加姜汁制后的叶有增强止呕作用。

索　引

一画

二画

三画

四画

五画

六画

七画

八画

九画

十画

十一画

十二画

十三画

十四画

十五画

十六画以上

参考文献

广西药用植物园. 2009. 药用植物花谱. 重庆：重庆大学出版社.

徐鸿华，贺红. 2007. 中草药图谱. 广州：广东科技出版社.

潘超美，黄海波. 2008. 中草药野外识别手册. 广州：广东科技出版社.

汪劲武. 2007. 北方常见树木. 北京：中国林业出版社.

夏冰，李亚，姚淦. 2008. 中国东部地区药用木本植物野外鉴别手册. 南京：江苏科学技术出版社.

李薇，喻良文. 2009. 名贵珍稀药材鉴别图册. 广州：广东科技出版社.

徐国钧，王强. 2008. 中草药彩色图谱. 福州：福建科学技术出版社.

王羽梅. 2008. 中国芳香植物. 北京：科学出版社.

陈策. 2007. 华南优良园林树木图谱. 广州：广东科技出版社.

陈士林，林余霖. 2006. 中草药大典. 北京：军事医学科学出版社.

支满霞. 2007. 中国常用中草药彩色图谱. 天津：天津科技翻译出版公司.